湖北省书法家协会会员，桃书法家协会副主席刘彦武题

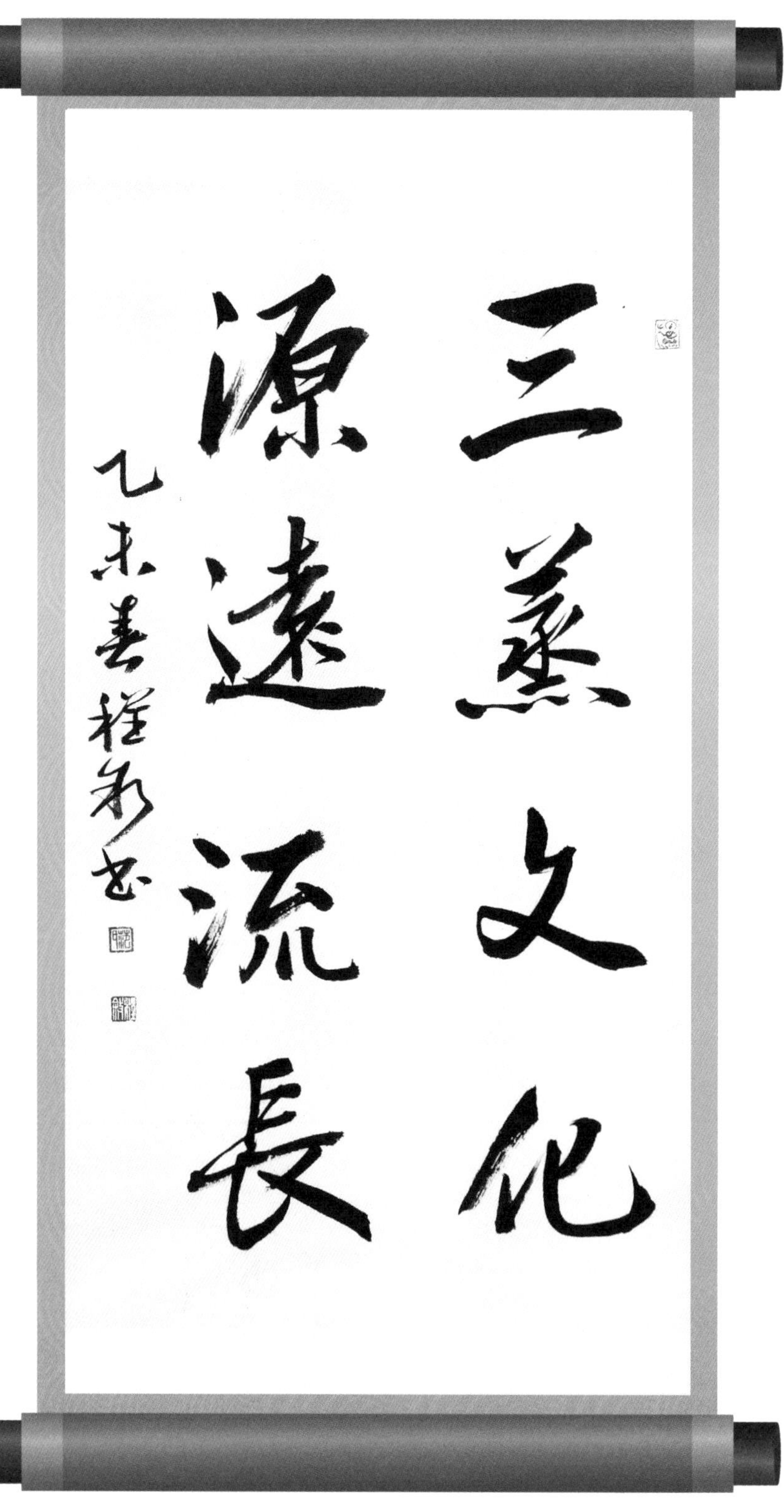

湖北省书法家协会会员范承叙题

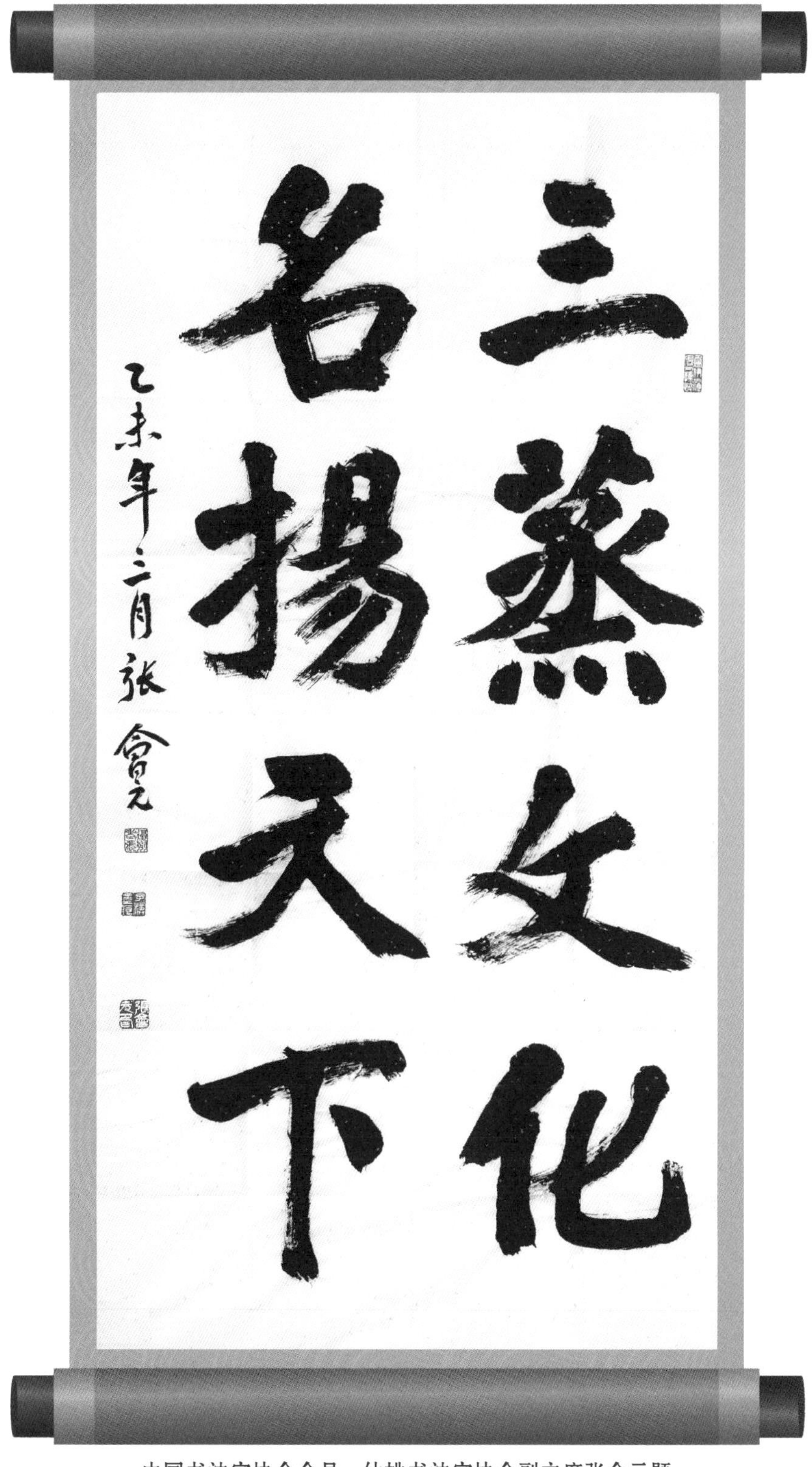

中国书法家协会会员，仙桃书法家协会副主席张会元题

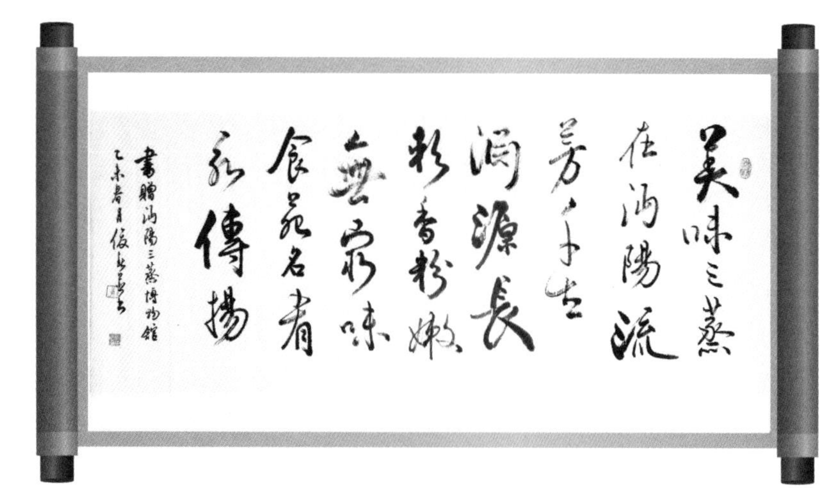

湖北省书法家协会会员周俊春题

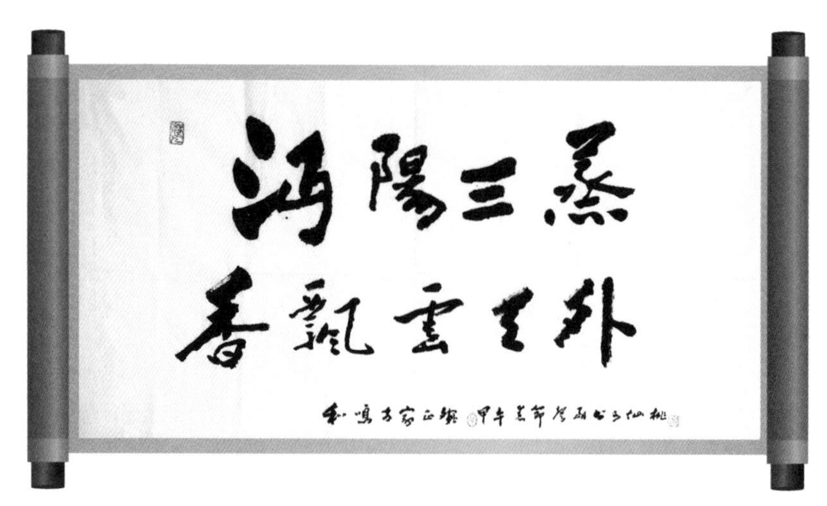

中国美协会员，国家一级美术师，湖北美术学院教授邵声朗题

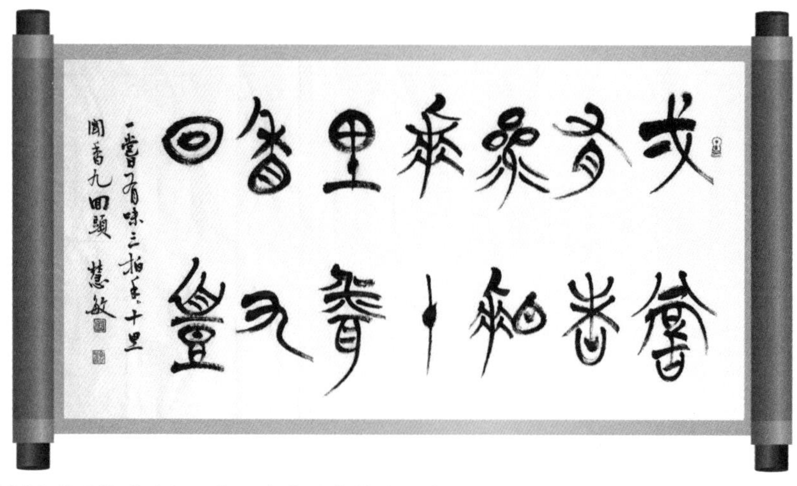

中国书法家协会会员，湖北省书法家协会理事，湖北楚简书法研究院院长何慧敏题

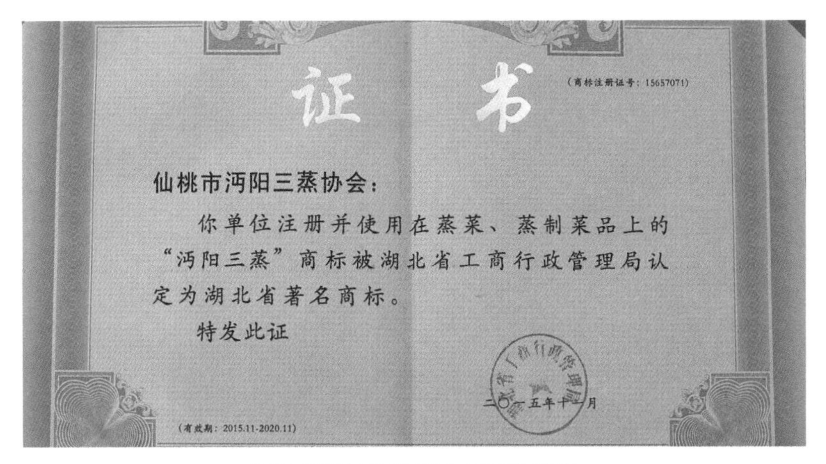

证书

（商标注册证号：15657071）

仙桃市沔阳三蒸协会：

你单位注册并使用在蒸菜、蒸制菜品上的“沔阳三蒸”商标被湖北省工商行政管理局认定为湖北省著名商标。

特发此证

二〇一五年十一月

（有效期：2015.11-2020.11）

沔阳三蒸被评为湖北省著名商标

沔阳三蒸宴席十大碗

沔阳三蒸受邀走进联合国总部

湖北省烹饪协会领导点赞沔阳三蒸

市商务局领导（中）带队参展

沔阳三蒸亮相仙桃春晚

湖北卫视记者在 9.9 米蒸笼开笼仪式上采访李和鸣会长

李和鸣会长(右三)介绍蒸菜二龙戏珠

沔阳三蒸与常熟蒸菜交流技艺

市政府与武汉商学院签订合作共建协议

省烹协领导参观陈友谅博物馆

市政府领导与中国烹饪协会专家代表合影

沔阳三蒸宴席获名宴展金奖

主编　李和鸣　徐元茂

中国轻工业出版社

图书在版编目（CIP）数据

沔阳三蒸 / 李和鸣，徐元茂主编. —北京：中国轻工业出版社，2020.7

ISBN 978-7-5184-2974-5

Ⅰ. ① 沔… Ⅱ. ① 李… ② 徐… Ⅲ. ① 菜谱 – 仙桃 Ⅳ. ① TS972.182.633

中国版本图书馆CIP数据核字（2020）第068735号

责任编辑：方晓艳　　责任终审：白　洁　　整体设计：锋尚设计
策划编辑：史祖福　　责任校对：晋　洁　　责任监印：张　可

出版发行：中国轻工业出版社（北京东长安街6号，邮编：100740）
印　　刷：北京富诚彩色印刷有限公司
经　　销：各地新华书店
版　　次：2020年7月第1版第1次印刷
开　　本：787×1092　1/16　印张：10.5　彩插：4
字　　数：200千字
书　　号：ISBN 978-7-5184-2974-5　定价：98.00元
邮购电话：010-65241695
发行电话：010-85119835　传真：85113293
网　　址：http://www.chlip.com.cn
Email：club@chlip.com.cn
如发现图书残缺请与我社邮购联系调换
191202S1X101ZBW

序言 壹

走进仙桃这片古老而充满活力的土地，目光所至皆是历史传承下的古风古韵：城楼、水车、青石小路、碧水浅湾，这其中，最让人津津乐道的还是“沔阳三蒸”以及由此孕育的饮食文化。如今在仙桃，无论是在繁华城区，还是在偏远乡村，你随便走进一户人家，问起“沔阳三蒸”，哪怕是目不识丁的老妇，也能跟你聊上好半天。“沔阳三蒸”文化，已深深融入当地人的血脉之中。因此，我对“沔阳三蒸”饮食文化深怀敬意。

当我看到“沔阳三蒸”系列菜肴集结成书时，更是被靓丽的色彩、精美的设计所吸引，仿佛闻到了菜肴的香味。普通的食材经仙桃厨师的妙手烹制，立刻变成了一个个风情小品，展现在读者面前，这些菜肴大都是非常淳朴的，让仙桃游子一看，一尝，便仿佛回到了沔阳老家，置身于多姿多彩的汉江岸边。

“沔阳三蒸”系列菜肴虽然淳朴，但不土气，源于民间，又超乎寻常，是对民间菜肴的提升和总结，并为民间菜肴注入了新的活力，“沔阳三蒸”植根于传统饮食文化的土壤，又通过兼收并蓄，使“沔阳三蒸”在原料、技艺等方面推动仙桃菜乃至楚菜的发展，并引领集乡风、乡味、乡情于一体的餐饮时尚潮流。

《沔阳三蒸》问世了，希望更多的人关注她，了解她，并推动她的发展，我也希望“沔阳三蒸”的产业化之路越走越宽广，使“沔阳三蒸”饮食文化得到更好的传播。

中国烹饪协会副会长

张贤峰

2019年11月

一提到仙桃（沔阳），就让人想到“沔阳三蒸”，美食成了这座城市别具一格的名片。它与成长、记忆、故乡、思念等生命中最重要的元素都息息相关。

无论是在城区还是在乡村，家家能蒸菜，人人会蒸菜。无菜不蒸，无蒸不成席，蒸菜品种数不胜数。蒸菜早已成为仙桃普通百姓的饮食习俗。

而“沔阳三蒸”从600余年前的时光中走来，经久不衰，除深深地扎根于民间外，更是得益于有一批“沔阳三蒸”饮食文化的传播者，他们不仅成功申报了“中国沔阳三蒸之乡”；注册了“沔阳三蒸”地理证明商标；建设了“沔阳三蒸”博物馆；举办了“沔阳三蒸”文化节；成立了“沔阳三蒸”研究院；开展了学习“沔阳三蒸”技艺的拜师活动；而且让“沔阳三蒸”走进了高校的课堂。正是有了他们对“沔阳三蒸”的不断传承与创新，“沔阳三蒸”饮食文化才得以更好地传承与推广，本书的作者就是“沔阳三蒸”饮食文化传播者的代表。他们对“沔阳三蒸”的传承与发展是那么的执着，俨然已成为他们的事业。

本书全面介绍“沔阳三蒸”历史文化，“沔阳三蒸”传承与保护，“沔阳三蒸”制作技艺。全书有以下几方面的特点：

其一，系统、全面地介绍了“沔阳三蒸”的历史，对“沔阳三蒸”的起源与发展考论引经据典，史料翔实，是最具权威的研究成果之一。

其二，本书全面介绍了“沔阳三蒸”的制作方法，风味特色，营养特点。集传统蒸菜与创新蒸菜于一体，既有家常蒸菜，又有近年来的创新菜品，部分菜品在全省乃至全国烹饪技能大赛上获得金奖、特金奖。

其三，本书雅俗共赏，理论阐述深入浅出，实践操作步骤详细，并附有精美的菜肴照片。不仅专业厨师的水平能从中得到提高，家庭主妇（夫）也能在其指导下，烹制出色、香、味、形、质俱佳的蒸菜。

本书的出版发行对“沔阳三蒸”非物质文化遗产的传承与保护起到了积极的推动作用。同时，也希望通过本书的出版发行，让“沔阳三蒸”走出仙桃，走出湖北，走向世界。让更多的人品尝到正宗的“沔阳三蒸”。

湖北经济学院教授、楚菜研究所所长

2019年12月

前言

沔阳三蒸

仙桃市位于江汉平原腹地，东邻武汉，西接荆州，北依汉水，南靠长江，境内地势平坦，湖泊河流星罗棋布，有“水乡泽国”之称。

仙桃市前身为沔阳县，有4600多年的文明史。据沙湖、越舟湖出土文物证明，早在新石器时代就有人类在这块土地上开拓生息。梁天监二年（公元503年），始置沔阳郡设沔阳县，因郡治在沔水之北而得名。新中国成立初期设沔阳专署。1951年，沔阳专署撤销，沔阳县属荆州专署管辖。1986年，撤销沔阳县，成立仙桃市。1994年列为省直管市。

仙桃历史文化悠久，经济充满活力，仙桃是湖北省江汉平原的商贸、政治、交通中心，是湖北省政府规划的六大物流枢纽、武汉城市圈西翼中心城市。2019年全市实现地区生产总值868亿元，经济总量连续20多年位居湖北省县级市前列，曾5次进入全国百强县市、6次跻身中部十强县市，是中国最佳粤商台商投资城市、全国最具投资潜力中小城市、全国科技进步先进市，也是亚洲著名的体操之乡。

“沔阳三蒸”就根植在这块肥沃的土地上，经过4600多年的演变，“沔阳三蒸”也经历了萌芽期、形成期、发展期、成熟期四个阶段。如今的“沔阳三蒸”融稀、滚、烂、淡于一体，集色、香、味、形、养于一身。她不仅仅是一道菜，还蕴藏着深厚的饮食文化，是楚菜的重要组成部分，也是中华饮食百花园的一朵奇葩。

为了让更多的人认识“沔阳三蒸”，了解“沔阳三蒸”，品尝“沔阳三蒸”，推广“沔阳三蒸”，作者编写了“沔阳三蒸”菜谱，其目的是让“沔阳三蒸”得到更好的传承和发展。

“沔阳三蒸”菜谱由原料选择、加工流程、菜品特色、操作关键、菜肴照片等组成。编制过程中，我们坚持科学化、标准化的原则，每道菜都从原料量化，烹调工艺、菜肴特点、技术要领等多方面进行了详尽的描述，在菜肴造型设计上精心构思，做到精致、美观、搭配合理。

本书在编写过程中得到仙桃市市政协、市商务局、市人社局、市非物质文化遗产保护中心及有关人士的大力支持，在此表示诚挚的谢意！

由于编者水平有限，难免存在不足之处，恳请行业专家、学者及广大读者提出建议和意见，以便我们再版时修订。

编 者

2019年11月

目录

沔阳三蒸

第一章

沔阳三蒸的历史及其传承与发展

第一节
沔阳三蒸历史探源

—

“沔阳三蒸”的起源与发展考论

周圣弘[1]

“沔阳三蒸”是明清以降流行于中国江汉平原、以沔阳湖区（今湖北仙桃、洪湖、天门、潜江、监利、汉川、汉阳）为核心，辐射两湖（湖北、湖南）平原和鄱阳湖平原，以稻米粉拌裹淡水鱼鲜、家禽家畜肉类、水陆菜蔬，以蒸汽为传热介质，以木制甑合蒸的水乡平民菜肴，是中国粉蒸菜的代表菜品。

一、中国历史文献中的粉蒸菜

在揭示“沔阳三蒸”的起源、发展与形成原因之前，我们有必要先来回溯一下中国历史文献中的粉蒸菜，以帮助我们认清“沔阳三蒸”在中国粉蒸

1　周圣弘，武汉商学院教授，中国“沔阳三蒸”研究院院长，武汉商学院中国蒸菜研究团队首席专家，湖北省非物质文化遗产研究中心主任。

菜乃至中国蒸菜大坐标中的位置。

（一）“蒸”：中国最古老、最传统、最原始的烹饪方法的出现

据考古成果表明，陶甑在我国的仰韶文化时期已开始出现，但数量不多，器型也不规范。在我国水稻产区的长江流域，甑的出现较仰韶文化要早约十个世纪。长江中游的大溪文化已有甑，屈家岭文化中更为流行。甑出现的最早年代约在公元前3800年。在长江中下游的广大地区，石家河文化、马家浜文化和裕泽文化居民都用甑蒸食，河姆渡文化则发现了最早的陶甑，其年代为公元前4000年左右。也就是说，早在距今约6000年的时候，中国的先民已经开始利用蒸汽的热能加工饭菜了。这可以说是世界人类文化史上最早对蒸汽能的开发利用。时至今日，西方烹饪中几乎没有使用蒸的方法。

1985年元月，在沔阳县张沟镇发现的面积达9万多平方米的越舟湖新石器时代遗址（属新石器时代晚期的京山“屈家岭文化”和天门“石家河文化”的范畴，距今4000余年）出土的150余件文物中，就包括了陶甑。它说明最迟在新石器时代晚期，在今沔阳、天门、京山为核心的江汉平原地区的先民就已经掌握了“蒸”这种中国最传统、最古老，甚至带有最原始意义的烹饪方法。

（二）中国历史文献中粉蒸菜的身影

通过大量考证与查阅中国烹饪的历史文献，粗略地描画出中国粉蒸菜的身影。

1. 中国粉蒸菜的起源与雏形

成书于公元6世纪中叶的南朝梁国江陵人宗懔所撰《荆楚岁时记》有“正月七日为人日，以七种菜为羹”的记载；《续修江陵县志·岁时民俗》（清光绪三年宾兴馆刻本）亦有“‘人日’，以七种菜为羹”；《云梦县志略·岁时民俗》（清道光二十年刻本）记载“‘人日’，采七种菜和米粉食之，曰‘七宝羹’”；《荆州府志·岁时民俗》（清光绪六年刻本）记载：“‘人日’，以七种菜为羹”；《德安府志·岁时民俗》（清光绪十四年刻本）记载“‘人日’，以七种菜和米粉食之，曰‘七宝羹’”。

上述史料表明，源起于两湖平原核心荆州江陵而流行于江汉平原地区的“七宝羹”，最迟在清道光二十年（1840年）至清光绪十四年（1888年），在毗邻沔阳的云梦、应城等地，就已经加入了米粉的元素。中国烹饪大师、“沔阳三蒸”技艺传承人李和鸣先生关于“沔阳三蒸”可能起源于江汉平原的米糊菜的推测，与历史文献的记载不谋而合。

明弘治甲子（1504年）宋诩记载“四方土产风味要领”的《宋氏养生部·饮食部》卷三有“和糁蒸猪”条：“用肉小豭膘（pī zhé，意为开肉切薄片）、和粳米糁、缩砂仁、地椒、莳萝、椒坋盐，蒸。取干饭再炒为坋（bèn，意为粉末）和之，尤佳。”即为现代粉蒸肉的雏形。

明末清初思想家陈确创作于明崇祯癸卯年（1643年）三月二十四日的《蒸菜歌》：“瓶菜洵已美，蒸制美逾并。尤宜饭锅上，谷气相氤氲。一蒸颜色润，再蒸香味深，况乃蒸不止，妙美难具陈。贫士昧肉味，与菜多平生。因之定久要，白首情弥亲。十日菜一碗，一碗凡十蒸，十蒸尽其性，齿莽安可云！当午饭两盏，薄暮酒半升，相得无间然，千秋流颂声。非敢阿所私，良为惬公论。”描摹了饭菜（瓶菜，疑为麦瓶菜）同蒸的烹饪史实。

清代中叶四川名人李化楠撰著、其子李调元整理的《醒园录》（乾隆四十七年本）“蒸萝卜糕法”：“每饭米八升，加糯米二升，水洗净，泡隔宿。舂粉筛细，配萝卜三四斤，刮去粗皮，擦成丝。用猪板油一斤，切丝或作丁，先下锅略炒，次下萝卜丝同炒，再加胡椒面、葱花、盐各少许同炒。萝卜丝半熟，捞起候冷，拌入米粉内，加水调极匀（以手挑起，坠有整块，不致太稀），入笼内蒸之（先用布衬于笼底），筷子插入不粘，即熟矣”；“又法，猪油、萝卜、椒料俱不下锅，即拌入米粉同蒸”。可认为是粉蒸萝卜的先行实验。

2. 中国单品粉蒸菜的记载

清代才子袁枚撰著、乾隆五十七年（1792年）出版的《随园食单·特牲单》，在中国饮食文化史上第一次有了“粉蒸肉”的明确记载：“用精肥参半之肉、炒米粉黄色，拌面酱蒸之，下用白菜作垫，熟时不但肉美，菜亦美。以不见水，故味独全。江西人菜也”。这一史料，不仅有了“粉蒸肉”的记载，也不经意间有了关于肉菜同蒸的记录。

乾隆四十九年（1784年），袁枚以六十九岁高龄作岭南之游，曾有南昌“平原十日之饮”，当年十一月“看雪黄鹤楼”“腊底阻风彭泽，在舟中度岁”。此游沿江经湖北、江西，袁枚品尝了“江西人菜”——“粉蒸肉”，并载入其饮食著作。惜袁枚提供给后人的还只是猪肉单品粉蒸。

初版于1917年的《清稗类钞》一书，是关于清代掌故遗闻的汇编。所载之事，上起顺治、康熙，下迄光绪、宣统。全书分92类，13500余条。书中涉及内容极其广泛，几乎无所不有，许多资料可补正史之不足，特别是关于社会经济、下层社会、民情风俗的资料，对于研究清代社会历史，很有参考价值。

该书《饮食类》“粉蒸肉”条载：“粉蒸猪肉者，以肥瘦参半之肉，敷以炒米粉，拌面酱蒸之，下垫白菜。又法，切薄片以酱油、酒浸半小时，再撮干粉少许，细搓肉片，俟干粉落尽，仅留薄粉一层，乃叠入蒸笼，上盖荷叶，温火蒸二小时，于出笼前五分钟，略加香料、冰糖，味甚美。”“荷叶粉蒸肉”条载：“荷叶粉蒸肉者，以五花净猪肉，浸于极美之酱油及黄酒中，半日取出，拌以松仁末、炒米粉等料，以新荷叶包之，上笼蒸熟；食时去叶，入口则荷香沁齿，别有风味。盖猪肉之油，各料之味，为叶所包，不泄，而新荷叶之清香，被蒸入内，以故其味之厚，气之芳，为饕餮者流所啧啧不置者也”。此二则“粉蒸肉”条目，应是对“粉蒸肉”技法的演变和袁枚“粉蒸肉”文献的补充。

清朝同治五年（1866年）的《筵款丰馐依样调鼎新录》有“粉蒸鸡：生鸡去骨、砍大块，加各料、米粉子和好，蒸，扣九寸盘”和“粉蒸羊排：拌，蒸”并“粉蒸款鱼：长片，吗味（码味），粉蒸，流欠（流芡）”的记载；清宣统元年（1905年）的《成都通览》第七卷（饮食部分，宣统元年成都《通俗报》社石印本）所载川菜“大菜（267种）”之“鸡类”“鸭类”“肉类”分别载有“粉蒸鸡”“粉蒸鸭”和“粉蒸肉片”；清末姚姓厨师的手抄本《四季菜谱摘录》亦有“粉蒸鸡”的记载。

这三种文献所载均为川菜，杂有其他地方菜品，成书于晚清。当时川菜兼及并蓄南、北、下江烹饪之长，因此，它也是研究晚清中国粉蒸菜及烹饪历史的重要史料。

成书于戊辰年（1868年）的《调鼎集》，系无名氏所著、童岳荐编撰的一本以淮扬菜系为主的、集中国烹饪文化之大成的饮食典籍。其中记载了“粉蒸肉”“米粉圆”“粉蒸腿”“米粉鲢鱼”四种粉蒸菜肴。

粉蒸肉　炒上出籼米磨粉筛出（锅巴粉更美），重用脂油、椒、盐同炒。又，将肉切大片，烧好入粉拌匀上笼，底垫腐皮或荷叶（防走油）蒸。又，将方块肉先用椒盐略揉，再入米粉周遭粘滚，上笼，拌绿豆芽（去头尾）蒸（垫笼底同上）。又，用精肥参半之肉，炒米粉黄色，炒面酱蒸之，下用白菜作垫，熟时不但肉美，菜亦美，以不见水故味独全，此江西人菜也。

米粉圆　上白籼米炒熟、磨粉、细筛，刮肉加酱油、酒、豆粉作圆，由芋头切片（或苋菜）铺笼底，先摊米粉一层，置肉圆于上，又加米粉一层盖面蒸，或不作肉圆即将刮肉置粉内，蒸干熟切片，或将米拌于肉内同刮成圆即可。

粉蒸腿　火腿切片米粉拌蒸。又，火腿切片须蒸三次始酥。上用盘盖，不走香气。

米粉鲢鱼　鲢鱼切块，用米粉、脂油、椒盐拌蒸，气底衬腐皮。

“是书凡十卷盖相传旧抄本也。上则水陆珍错，下及酒浆醯酱、盐醢之属，凡《周官》庖人烹人之所掌，内饔外饔之所司无不灿然大备于其中。其取物之多，用物之宏，视《齐民要术》所载物品饮食之法，尤为详备。然则是书也，虽曰食谱，谓之治谱可也。”（成多禄：调鼎集序）

由此可见，晚清时期不惟江西、四川，就连苏杭平原，亦即同属稻作农业区的三楚大地，粉蒸菜肴的制作已成普遍之事了。

3. 中国合蒸粉蒸菜的记载

距离袁枚《随园食单》问世86年后的光绪三年（1877年）夏曾传撰著的《随园食单补证》“粉蒸肉”条补证：“蒸粉之法不但肉也，鸡、鸭、鱼、羊皆可为之。湖口高刺史自制小甑，蒸鸡肉等四种宴客，则置甑于座，座客称美。此先大夫为予言。（粉不宜细，细则宜化水）”则第一次记载了粉蒸方法不仅应用于肉、也应用于鸡、鸭、鱼、羊，且诸菜合蒸之法亦见于官吏餐桌的情形。

4. “沔阳三蒸”的历史文献记忆

符号先生（1906—1992年）[中国现代著名女作家谢冰莹第二任丈夫，1919—1957年在武汉、北平（北京）、天津等地从事革命工作，20世纪50年代后期曾头顶“右派分子”帽子在家乡沔阳牧牛12载，从国家交通部平反退休后担任仙桃市政协委员]是沔阳老名人，他在《仙桃十三泰》一文中回忆：

首先要提一提的，现在仙桃就是沔阳。而过去的沔阳就不是仙桃。比如：汉口从前有两个“沔阳饭馆”，都是以经营“三蒸”出名，仙桃人也称它是我们沔阳的馆子；到了北京虎坊桥，赫然出现“湖北餐厅”，掌作师傅竟然是汉口“沔阳饭馆”的原班人马。问他们“为什么不打‘沔阳饭馆’的招牌呢?”他们说：“出了省，就代表湖北了。”

武汉餐饮界董学礼先生，自1945年起在汉口沔阳饭店作学徒，后负责保管兼发货、收款工作，1955年又随沔阳饭店搬迁至武昌青山支援我国钢铁工业基地——武钢的建设，目睹了沔阳饭店老板的发家致富和沔阳饭店的发展历史。他在20世纪90年代初回忆说：

1922年，沔阳新堤镇人刘松林在汉口民乐楚剧院对面的三星街口开设了一家20余平方米的“沔阳饭店”，因生意火爆，旋于1929年在汉口民生路统一街口189号租了一栋三层楼房扩大营业面积，做名副其实正宗的“沔阳三蒸”。

上引两则史料表明：符号先生所言汉口的两个“沔阳饭馆”，其实就是董学礼先生所言沔阳新堤人刘松林所开的“沔阳饭店”；符号先生20世纪20年代末至30年代初曾在北平（北京）工作生活，其文章中提到的北京虎坊桥卖“沔阳三蒸”的“湖北餐厅”应该所言不虚。

二、“沔阳三蒸”的起源与发展考论

通过对目前已经掌握的中国历史文献中的粉蒸菜的史料的疏爬整理，结合沔阳地区的自然地理、水旱灾害、湿地围垦、人口变化、人文环境、饮食习俗等因素分析考论，笔者认为：

“沔阳三蒸”萌芽于元末明初，起源于明代中后期至清代中期，定型于清代晚期，闻名于清末民初，复兴于20世纪80、90年代迄今。

下面，笔者拟从萌芽与起源、定型与闻名两个部分，对“沔阳三蒸”的历史略作考论，期冀对“沔阳三蒸”的文化建设有所助益。

（一）“沔阳三蒸”的萌芽与起源考论

众所周知，一个菜品乃至菜系的形成，与该菜品或菜系所属地域的物产、饮食习惯等自然和人文环境息息相关。

沔阳地区地处江汉平原腹地，属古云梦泽湿地遗迹。这里水网密布，河汉纵横，土地肥沃，物产丰饶。自古以来就是长江流域水稻作物的主要种植区之一，也是明清以降的主要粮食输出地之一；盛产鲤、鲫、鳊、鲭、鮰、鲢、鳝、鳅等淡水鱼类及蒌蒿、芹、荇、茭、芦笋、藕、菱等水旱菜蔬；这里的民众嵌入骨髓的饮食习惯用毋庸置疑的四个字就可以高度概括：饭稻羹鱼。

这样的地理环境与饮食习俗，加上自新石器时代晚期沔阳先民所掌握的“蒸”的烹饪技法，无疑为以粉蒸技法独步于世的“沔阳三蒸”的萌芽与起源，奠定了烹饪食材、烹饪技法与饮食嗜好的无缝对接的坚实基础。

但是，遍览蒙元以前的沔阳地区及荆楚平原乃至中国饮食的史志文献，我们丝毫寻觅不到关于粉蒸菜肴记载的只言片语，更遑论肉、鱼、菜合蒸的“沔阳三蒸”的历史记录。

1.“沔阳三蒸”的萌芽考论

自20世纪80年代中后期以来，在沔阳（仙桃市）城乡民间广泛流传着关于元末“大汉皇帝”陈友谅夫人（一说罗夫人，一说张夫人）发明“沔阳三蒸”的传说。似乎“沔阳三蒸”的源头就此确定无疑，也因此就有了“沔阳三蒸”已有600余年历史的说法。

“真正的神话作为前科学时代的探索，因而具有某种‘科学性’。从文化共同体发展的角度看，现代民间流传的神怪故事（或曰“新神话”），只是人类精神的退化现象。”

农民起义领袖陈友谅，在明清两朝的主流意识形态笼罩下的史志文献中，一直是一个“反贼”形象。因此，20世纪80年代中期以来，尤其近年来愈传愈盛的陈友谅夫人发明“沔阳三蒸”的传说，肯定是一个后置传说，掺杂了经济营销的因素。

当然，这个“事出有因，查无实据”的传说故事，也并非没有它合情合理的成分：第一，战争条件下的食材（稻米）与燃料的匮乏；第二，湖区环境下的烹饪困难；第三，巧妇在非常期的烹饪技法的创新。这些合理的因素，与现代“沔阳三蒸”的存在丝丝相扣。我们虽然无法确定“沔阳三蒸”就是发明于元末明初，但也不能就一口咬定“毫无可能”，至少，它是沔阳民众合情合理的一个美丽的故事新编。

在没有更多的历史文献实证的条件下，我们也许可以将此传说所指向的元末明初时期，看作是沔阳粉蒸菜的萌芽期。

2. “沔阳三蒸”的起源考论

沔阳地区地处江汉平原腹地。而位于今湖北省南部的江汉平原，是历史时期长江的多次泛滥和汉水三角洲的不断伸长淤积合并而成的。南宋时，陆游、范成大舟行经过江汉平原之南缘，所见的今天监利、沔阳、汉阳一带，湖区都是芦荡荒野，人烟稀疏，北部的天门县，也十分荒凉。江汉平原北部的荒凉确是长期战乱的结果。

元明之交，江汉平原亦受到战火的严重影响，堤溃，天荒，人亡。明前期一个相当长的时期内，江汉平原处于逐渐恢复、初步发展的过程中。明朝嘉靖《沔阳州志·河防志》对此有如下记述：

元季，沔乘兵燹之后，人物凋谢，土地荒秽。明兴，江汉既平，民稍垦田修堤。是时，法禁明白，人力齐一，堤防坚厚，湖河深广。又垸少地旷，水至即漫衍，有所停泄故自洪武迄成化初，水患颇宁。

沔阳州的状况大致可视为江汉平原的缩影。从“土地荒秽”到“稍垦田修堤”为当时的一般趋势，而“垸少地旷”则是成化朝（1465—1487年）以前江汉平原河湖低地开发利用程度、水土关系的写照。

宋元时期，江汉平原湖泊众多，河流纵横，土地肥沃，开发不足，在接纳流民、移民方面具有较大的潜力。元末明初，长江中下游地区的战乱，为部分流民、移民，尤其是江西流民、移民落居江汉平原提供了契机。沔阳、汉川、天门、洪湖一带的地方史志或族谱的记载都说明了这一事实。

明朝嘉靖《沔阳州志·食货》记载："湖多易淤，土旷易垦，食物旋给，他方之民聚焉，而江右为甚。"近年所修新方志，在调查证实的基础上认同了前代的记载和民间传说。如1992年版《汉川县志》（中国城市出版社）称："元末民初，县境人烟稀少，而江西、河南、安徽等地来汉川定居者众，其中以江西人居多。"又如1988年版《天门县志》（湖北人民出版社）云："到了明朝，江西等地移民大量涌入，民间广泛流传着'江西填湖广'的说法。"原属沔阳的洪湖县亦有族谱记载："迨元季与明初遭兵燹，强虏每扰于洪都，遂播迁乎。"

明代成化朝后期的正德（1506—1521年）、嘉靖（1522—1566年）两朝直至清代中期的乾隆（1736—1795年）年间，随着江西等地移民的不断涌入，沔阳地区的垸田围垦活动愈演愈烈，造成水灾频发。此间，沔阳水灾达87次。

水灾的泛滥，人口的扩张，无疑会导致粮食的严重匮乏及粮食价格的疯涨。我们可以推测：习惯了"饭稻羹鱼"的沔阳地区民众，在鱼虾易捕而稻米难求的灾荒之年，会遭遇怎样的饥荒煎熬。

而恰恰在此期间的早期，与江汉平原有着大体相同的自然环境的东楚大地，1504年出现了宋诩的《宋氏养生部·饮食部》这部呈现"四方土产风味要领"的饮食著作，记载了现代"粉蒸肉"的雏形——"和糁蒸猪"；而在此期间的后期，清代才子、美食家袁枚又在游走山水的羁旅途中发现并记载了他眼中的"江西菜"——"粉蒸肉"。

江西移民不断地涌入江汉平原，必然导致两地民众、亲友的密切往来，也必然会带来两地包括饮食文化在内的文化的密切交流。

时至今日，我们无法确定这样一个事实：袁枚所谓的"粉蒸肉"究竟是从江西传入沔阳乃至江汉平原水乡，抑或从沔阳水乡通过江西移民流播到江西湖区。但我们可以肯定这样一个事实：无论"粉蒸肉"起源于江西还是沔阳，它在两地的互为传播肯定是毋庸置疑的。

据此，我们可以得出结论："沔阳三蒸"起源于明代中后期至清代中期。

（二）“沔阳三蒸”的定型与闻名考论

1. “沔阳三蒸”的定型考论

明清之际严重的自然灾害和李自成、张献忠等人的起义所带来的剧烈的社会动荡，造成了全国性的生产破坏、经济衰退。江汉平原也不例外，甚至尤为严重，呈现出垸塌田荒、家破人亡的惨象。顺治十五年（1658年），湖广总督李荫祖以亲身经历上《灾出异常疏》称：“臣赴荆州，乘舟而行，所过汉阳、汉川、竟陵、潜江等处及沔（阳）、监（利）、江陵一带，处处岸崩，在在堤决，水天一色，川原莫辨。鱼游畎亩，田地悉归河伯；船过市头，篱屋尽随波逝。”

天灾人祸的打击几使江汉平原面目全非。

与明初一样，清初统治者亦视招民垦荒为恢复社会经济的首要措施。但面对人口急剧增长而产生的“户口日增，何以为生”的生计问题，惟有不断地开垦，“务使野无旷土，家给人足”。特别是乾隆五年（1740年）的零星土地听垦免科规定，对土地垦辟的扩张起着无可估量的激励作用。以致乾隆年间，沔阳州派征粮银的田地较原额增出1155154亩，分布在州境1397处堤垸中。

自嘉庆以降至光绪年间（1796—1908年）的清代中晚期，不仅发生了以王聪儿、洪秀全为代表的农民起义，还发生了60余次水灾，其中19世纪9次特大水灾就有4次发生在这时。

明清时期，随着人口的自然增长和长江中下游间人口大迁徙，使包括沔阳在内的江汉平原人多地少的矛盾日益显露，与水争地的垸田获得极大的发展，葑田出现的历史条件渐趋成熟。

为了对抗水灾，江汉平原许多农民在对付洪水时有丰富的经验，利用一切可以利用的潜在的土地生产农产品，或放弃农业而转向渔业生产。在湖泊密集的汉水下游，当地（沔阳、汉川等）人甚至造出葑田（一种特殊的漂浮的小岛）来适应其多水的环境。

《古今图书集成·方舆汇编·职方典》卷一一三〇《汉阳府部汇考·汉阳府风俗考》汉川条云：“汉川四周皆水，湖居小民以水为家，多结茭草为簰，覆以茅茨，人口悉居其中，谓之茭簰。随波上下虽洪水稽天不没，凡种莳、牲畜、子女、婚嫁靡不于期，至有延师教子弟者。”类似的记载还见于同治《汉川县志》卷六《风俗》、民国《湖北通志》卷二一《风俗》等。簰，同箄，即筏子，茭簰即葑田。水乡农户不仅在茭簰上择定时节播种，而且用茅草盖屋其上（即文中所云“茅茨”），全家老小悉居其中，在其上饲养家畜，婚丧嫁娶，生儿育女。这样的茭簰面积一定不小。汉川县位处汉水下游，地势低洼，易遭洪涝之灾，《江汉旧闻》云：“汉川地气卑湿，人家兴废无常”而葑田则可自由移动，随水涨落，自由升降，无旱涝之灾。因此，为避免水灾，汉川湖居农户干脆将家也置于茭簰之上。“茭簰具生理，随地即桑麻，俯仰无余事，云英与浪花”，吴邦治这首《茭簰湖居诗》就生动地反映了以茭簰为家的农户的生活。

《古今图书集成》编于清康熙时，雍正时蒋廷锡奉钦重编。说明至迟在清初汉川已有葑田这种形式。而从它使用之成熟上看，则已有相当长的历史。

沔阳与汉川比邻，地理环境类同，葑田的出现时间也应在清朝初期。而岸居和湖居农户荒年用以救饥的野菜，不过同属菊科的蒌蒿、野茼蒿、茼蒿而已。

我国乃至世界上第一部描述、研究野生食用植物的著作《救荒本草》记载：

野茼蒿　生荒野中。苗高二三尺。茎紫赤色。叶似白蒿，色微青黄；又似初生松针而茸（音戎）细。味苦。

救荒　采嫩苗叶煠熟，换水浸淘净，油盐调食。

茼蒿　处处有之，人家园圃中多种。苗高一二尺，叶类葫萝卜叶而肥大，开黄花，似菊花。味辛，性平。

救饥　采苗叶煠熟，水浸淘净，油盐调食。

众所周知，茼蒿易栽培，适应性强，春秋两季都可栽培。而食用时间可从春季持续到秋冬季节。

明代嘉靖本沔阳志所载沔阳物产“菜”类居首的“蒌蒿”，明末姚可成所辑《救荒野谱》中亦有记录：“蒌蒿：食茎叶，春采苗叶熟食，夏秋茎可作斋，心可入茶。”

上述沔阳地区民众水上茭簰和湖船的局促的居住空间和种莳习惯、牲畜饲养方式，为沔阳地区民众饮食生活中“粉蒸菜”的定型，提供了充分的可能性。

而见诸前文的自1866—1877年的四川和江西湖口的关于鱼、肉、鸡、鸭等“粉蒸”菜品的文献记载亦表明，沔阳地区的江西移民和西楚巴蜀的沔阳暨湖北移民的往来交流，带来或带出了粉蒸菜的技法，促成了“沔阳三蒸”的最终定型。

2. “沔阳三蒸”的闻名考论

自明代成化年间因汉水改道而逐渐发展起来的汉口，因为其“九省通衢”的交通便利，清末民初是中国著名的四大商业市镇之一，商业异常发达。这为不擅商贾之事的沔阳民众走出湖区走出农田走进现代都市，传播极具水乡风味的“沔阳三蒸”，提供了施展拳脚的舞台。1922年，沔阳新堤人刘松林在汉口开设的“沔阳饭店”就曾吸引了众多名人的光顾，使得“沔阳三蒸”闻名于都市而流播广远。

董学礼在《话说沔阳饭店》一文中回忆：

来沔阳饭店进餐的主要对象是工商界人士，贺横夫、王际清、徐雪轩等都是沔阳饭店常客，也有国民党军政界要员。抗日战争胜利后路过武汉的军界要员“一块金板、一朵花、二朵花、三朵花”的将官，政界有国民党元老于右任（立法院长）、居正（司法院长）慕名而来沔阳饭店品尝蒸菜。张难先（沔阳张沟人）亲笔为沔阳饭店题词“家乡风味”。

后来，“沔阳饭店”原班人马在北京虎坊桥开设以售卖“沔阳三蒸”为特色的“湖北餐厅”，更是赢得了张学良等名人的光顾和青睐。据传张学良少帅品尝沔阳三蒸后，曾挥毫题联“一尝有味三拍手，十里闻香九回头”，少帅的一句题词，更让“沔阳三蒸”名声大噪，声名远播。

20世纪80年代以来，李先念、李鹏、江泽民等国家领导人先后来仙桃（沔阳）视察时，也对当地美食特产“沔阳三蒸”赞誉有加。

承载着对家乡的记忆与思念的“沔阳三蒸”，亦随近百万大沔阳籍的海内外游子的星散流布而广播海内外，更使“沔阳三蒸”美食走出国门，走向世界，誉满全球。

2011年，“沔阳三蒸”及其蒸菜技艺，被湖北省政府列为省级非物质文化遗产之一；2015年3月，仙桃市被中国烹饪协会授予“中国沔阳三蒸之乡”。

近年来，随着中国餐饮业由奢华型向节约型的转变和人们对饮食养生时尚的追求，养在深闺多年的“沔阳三蒸”，以其原汁原味的清淡口味、荤素搭配营养均衡的时尚特点，越来越受到我国民众的追捧。“沔阳三蒸”的复兴与产业化的拓展，指日可待。

结语

综上所述所考，我们可以得出这样的结论：

从中国粉蒸菜历史发展的大视野来看，“沔阳三蒸”的萌芽，或许就缘于元末明初的陈友谅“大汉”政权的战时饮食；而它的起源，应该可以认定为明代中后期至清代中期（乾隆），以袁枚的《随园食单》明确记载“粉蒸肉”为标志；它的定型，当在“湖口高刺史自制小甑，蒸鸡肉等四种宴客”的清朝晚期；它的闻名遐迩，确凿无疑应是民国初期；20世纪80、90年代迄今，当是它的复兴与腾飞时期。

陈友谅与沔阳三蒸

吴琦[1]

陈友谅作为沔阳出生的缔造过元末大汉政权的英雄人物，沔阳民众对其推崇有加，将其与地方特色美食“沔阳三蒸”的故事联系在一起，该故事基于一定的客观历史史实，是沔阳劳动人民智慧的体现。

一、历史述说中的陈友谅

陈友谅，元代河南江北行省沔阳府（今仙桃市）人，为元末农民义军领袖，为推翻元代腐朽的统治作出了杰出贡献，但最终在与朱元璋争夺天下战争中身丧国灭。根据成王败寇的逻辑，陈友谅集团所留下的与陈友谅有关联的史籍文献资料已难觅踪迹。现存的明代史料则多立足于朱明王朝的立场，对陈友谅本人及其事迹或有污蔑、掩盖之语，或补叙朱元璋集团屡出奇计，克敌制胜，击败陈友谅的过程，其目的皆在凸显明太祖朱元璋之英明神武。

据史籍记载，大体可知陈友谅之家世，陈友谅可确知为沔阳人。1989年仙桃市地方志编纂委员会编写的《沔阳县志》也认定陈友谅为沔阳黄蓬山（今洪湖市）人，祖籍排湖东南岸谢家湾。其祖父本谢姓，后因入赘于陈，故从陈姓。友谅年少时即膂力过人，优于武艺。从他曾任县书狱吏可知其还读过书，有文化，这些应为他将来推翻元朝统治及争霸天下奠定了良好的基础。

陈友谅祖孙三代均以捕鱼为业，这与沔阳地处江汉平原、河港湖泊、渔业资源丰富有关。或亦可知鱼也即陈友谅家庭的主食之一。相较官方史籍的态度，陈友谅桑梓的民众对陈友谅十分崇敬，这从一道佳肴——“沔阳三蒸”的故事传说中便可窥知一二。当然，本地人士对家乡历史人物诵唱赞歌，褒扬他的历史功绩或赋予他美好的传说故事也是题中应有之义。在阅读相关史籍如《明史》《明实录》《明史纪事本末》后，笔者认为，沔阳民众将沔阳三蒸的传说故事赋予陈友谅，一方面表达了沔阳民众对陈友谅的爱戴及缅怀之

1　吴琦，华中师范大学历史文化学院教授、院长、博士生导师、国家精品课程负责人，享受湖北省政府专项津贴专家。

情，另一方面这则传说故事的内容是有所依据的，是基于一定史实即陈友谅“为渔家子，世业渔”而加以创作出来的，并非空穴来风，凭空捏造。不仅如此，陈友谅的故居也一直保存到了明永乐二十二年（1424年），沔阳州指挥使沈友仁于该年将其改名为玄妙观。现在观内仍立有陈友谅石刻像和陈友谅遗下的铁釜。还有明清石刻，碑记十余件。从这一记载不仅能看出沔阳民众对陈友谅的爱戴之情，或可知陈友谅已成为当地百姓信奉祭祀的神灵。

二、“沔阳三蒸”的传说及其发明者

“沔阳三蒸”为今仙桃市的地方特色美食，凡是到过仙桃的人都会细细品味这一美食给味蕾带来的美感。沔阳三蒸最初有一蒸为蒸鱼，故沔阳群众将美食的传说赋予他们崇敬的英雄、曾为渔家子的陈友谅，于是传说故事基于一定的史实，将美食与英雄联系在一起更是天作之合。

“沔阳三蒸”的传说故事存在以下四个版本：

（1）“沔阳三蒸”至少有600年历史。相传元末渔家子弟陈友谅在沔阳揭竿而起率众起义，在攻陷沔阳县城后，为犒劳兵士，陈友谅的夫人潘氏亲自下厨，她别出心裁，将肉、鱼、藕分别拌上大米粉，配上佐料，装碗上甑，猛火蒸熟。蒸出的肉、鱼、藕味美质融，兵士啧啧称赞。

（2）据说“沔阳三蒸”起源于元末农民起义领袖陈友谅，他的夫人罗娘娘是个体恤士兵的人，在起义军攻陷沔阳县城后，为犒劳兵士，她亲自下厨将肉、鱼、藕分别拌上大米粉，配上佐料，装碗上甑，猛火蒸熟。蒸出的肉、鱼、藕味道鲜美，汤汁与米饭更融合出一种独具小康气息的味道。故事的最后自然是士兵吃了这美味佳肴以后，精神倍觉抖擞，越发骁勇善战了。

（3）“沔阳三蒸，香飘天下”。这沔阳三蒸即蒸鱼、蒸肉和蒸藕，是源于沔阳（今仙桃市）地区的传统湖北名菜。这里古代水灾甚多，“一年雨水鱼当粮，螺虾蚌蛤填肚肠”是过去流传在该地区的民谣。又因缺油少盐、故以野菜、虾、藕等混合蒸食是人们过去充饥的常见食物。不过，说起“三蒸”的来历，据传还与元末的农民起义军陈友谅有关：一年，陈友谅率军在此作战，因军情紧张，常吃夹生饭、盐水菜，影响打仗。掌管后勤的罗娘娘便从民间学来蒸菜法，将米粉、鱼、藕、青菜等拌和后上笼蒸熟。供大军食用。

（4）元至正十三年（1554年）五月，元军攻占沔阳城，以舟师万余人，浩浩荡荡开进排湖，围剿陈友谅的起义军。虽然陈友谅一时无还手之力，但元军也不敢轻举妄动，只是死死围住，企图把起义军活活困死。陈友谅以前在这里打渔，对地形了如指掌，随时准备突围。眼看军粮不多了，张凤道娘娘便组织士兵在湖边挖野菜。排湖大得很，岸上有野草野菜，湖面有荷梗、荷叶、菱角藤、鸡头米，水里也可以摸螺蛳、蚌蛤，捕鱼虾，随便动动手就行。但是老这样也不行啊！这些东西鱼腥味重，吃得人想吐。张凤道就将野菜和米蒸着吃，问题是野菜熟了往往米还是生的，于是她把米磨碎，碎米和野菜一起熟，这样更好吃，还有一股香味。后来摸索出经验，张凤道把所有的东西都弄来蒸，弄来野菜就蒸野菜，弄来鱼就蒸鱼，弄来螺蛳就蒸螺蛳，大家吃得乐哈哈。

元军以为起义军即使不死也饿得有气无力了，大摇大摆开进到湖中，结果一个人都没看见，只看到烧过的土灶。原来，起义军趁元军不备，从一条连着湖的小河悄悄转移了。

张凤道的蒸菜之法传到沔阳民间，形成了一道地方名菜——沔阳三蒸。

其中第一、二条传说可以合二为一，讲的都是陈友谅义军在攻陷沔阳县城后，为了犒劳士兵，陈友谅的妻子亲自下厨为兵士们制作了美味的沔阳三蒸。

第三条传说则说陈友谅为了振作士气，其妻子罗氏从民间学来蒸菜之法并作改进，发明了沔阳三蒸。

第四条传说则将发明者换作了张凤道娘娘，并且故事内容也一改攻克沔阳县城或鼓舞士气的说法，而变成了张凤道娘娘巧做沔阳三蒸帮助陈友谅义军摆脱元军的围剿。关于张凤道还有个真龙假凤的传说：据说陈友谅是条假龙转世，而陈友谅的娘娘却是真凤。朱洪武是条真龙转世，而马娘娘却是假凤。每次打仗，陈友谅的娘娘梳妆献策，阵前指挥，总无差错。最后与朱洪武在江西鄱阳湖一战，陈友谅不依娘娘的话，并说："老依你的，这次依我一回看看。"结果一败涂地。《沔阳故事会》还专门给张凤道写了短篇传记"张凤道（1317—1363年），元末沔城豪门之女，汉王陈友谅正宫娘娘，生二子陈理、陈善。人称真命天女、女诸葛、真凤。遗有百胜场、观阵庙、梳妆台、施生草台等古迹。"

因陈友谅在与朱元璋争夺天下的战争中失败，更因女性在古代社会地位较为低下，一般不写入史籍，故在史料中难以查阅到相关文字来证实陈友谅妻子的姓氏。《明史·陈友谅传》只有一句提到了陈友谅之妻，但并未注明其姓氏，"明年（至正二十一年），友谅遣兵复陷安庆。太祖自将伐之，复安庆，长驱至江州。友谅战败，夜挈妻子奔武昌。"在沔阳三蒸的传说故事中，三蒸的发明者有说罗姓的、有说潘姓的，还有张凤道。这些均为传说故事提供的姓氏，还需发掘更多的史料来证实陈友谅的夫人姓氏以及三蒸的发明者，姑且存疑。不过，从这些传说可以确定的是沔阳吃蒸菜的习俗非常久远，不论陈友谅的妻子是从民间学来的三蒸做法，还是其妻子将三蒸的做法传布民间，都可以得知这一点，这与沔阳的地理生态环境有很大关系。

三、优越的地理环境造就地方特色美食

江汉平原是有名的水乡泽国，区域内河港密布、湖泊星罗棋布，湖北也被誉为千湖之省。这样的地理环境造就了江汉平原物产丰富的优势，该平原尤其以盛产莲藕、鱼类著名。旧时的沔阳更是“一年雨水鱼当粮，螺虾蚌蛤填肚肠”，尽管这句谚语是用来描述沔阳贫苦劳动大众的生活，却也透露出当地盛产鱼虾的实况。康熙年间杨士元为《沔阳州志》所作的序也谈及了沔阳地区雨量丰沛、水量充足，常年易发水灾的实情。

沔阳地势西北高东南低，河流四通八达，湖泊星罗棋布，有利于农牧渔业发展，素有“鱼米之乡”“水乡泽国”之称。沔阳的水产品种繁多，鱼为大宗。沔阳地方特色美食“沔阳三蒸”便是在这样优越的地理环境下孕育而生。民国三十五年（1946年）沔阳开办的“三蒸”大酒楼，以承办筵席而著名。沔阳三蒸现在已经创作出多种蒸法，食材的来源也十分丰富，也不仅限于莲藕和鱼了。该道菜肴不仅在沔阳享有盛誉，并且其影响还波及周边地区，如毗邻的汉

川市二河镇也有道“二河三蒸”的名菜便是来源于沔阳三蒸。关于沔阳三蒸的食材选用、具体做法等，因有众多书籍介绍，笔者就不再加以赘述。

结语

陈友谅作为沔阳出生的缔造过大汉政权的英雄人物，沔阳民众对其推崇有加，将其与地方特色美食“沔阳三蒸”的故事联系在一起，该故事基于一定的客观历史史实，是沔阳劳动人民智慧的体现。如今该道美食因陈友谅的缘故而更广为人知，而沔阳三蒸丰富的传说故事又推动了陈友谅研究的纵深发展。仙桃市举办的首届沔阳三蒸文化节暨沔街庙会，对于传承和保护沔阳三蒸这一本土非物质文化遗产具有重大的作用，同时也会让更多学者关注陈友谅与沔阳三蒸的关系，最后共同推进民众对陈友谅及沔阳三蒸的认识。

第二节
沔阳三蒸的传承与发展

一

荆楚饮食类非物质文化遗产的保护与传承

姚伟钧[1]

长久以来，荆楚人民在这片富饶的土地上世代生活，逐渐形成了独具特色的饮食文化。特别是以蒸菜为载体的荆楚饮食文化，是我们荆楚文化的主要组成部分和具体表现形式，在荆楚文化的传承、认同和传播方面发挥着不可替代的积极作用，是湖北文化软实力的一张鲜活名片。

从近几年中国文化的发展过程中，我们清楚地看到各地饮食文化的发展，在提升各地影响力、增强地区文化软实力方面起到了重要作用。这是因为，饮食文化是一个地区物质文明和精神文明发展的标尺，是一个地区文化本质特征的集中体现，也是考察一个地区的历史文化特征的社会化石。因此，饮食文化在文化传承与文化认同，以及在传播地区文化方面都可以发挥不可替代的重要作用。

一、世界的趋势

现在世界各国都非常重视自己的饮食文化资源，都希望将自己的饮食文化申请成为世界非物质文化遗产。2010年11月16日，联合国教科文组织保护非物质文化遗产政府间委员会第五次会议上，法国的“法国美食大餐”，希腊、意大利、西班牙、摩洛哥四国联合申报的“地中海饮食”和墨西哥的“传统的墨西哥美食”三项餐饮类项目被批准进入联合国教科文组织“人类非物质文化遗产代表作名录”，这是《保护非物质文化遗产公约》生效以来，首次将餐饮类非遗项目列入世界名录。

比起中国菜的丰富，日本菜品种要简单得多。它在世界美食的地位，是

1　姚伟钧，华中师范大学历史文化学院教授、历史学博士、博士生导师，华中师范大学武汉社会文化研究院副院长，湖北省荆楚文化研究会副会长。

靠食材、健康、文化打下来的。说到口味，中国菜要鲜活诱人得多，能有一个中国胃，在这里享受美食，是天大的福气。但在讲中国美食文化推广到全球的过程里，日本的精致、考究、标准、文化，也确实有很多值得我们学习的。目前中国的饮食业并没有纳入文化产业范畴。中国饮食文化是一种广视野、深层次、多角度、高品位的悠久区域文化；是中华各族人民在一百多万年的生产和生活实践中，在食源开发、食具研制、食品调理、营养保健和饮食审美等方面创造、积累并影响周边国家和世界的物质财富及精神财富。加深对这一文化资源的利用与开发，加强饮食文化创意，集中力量发展具有特色的民族文化产业，有助于提高我国文化产业的竞争力，也有助于提升中国饮食文化的世界地位。

特别是我们荆楚地区，物阜民丰，饮食文化资源极其丰富。长久以来，荆楚人民在这片富饶的土地上世代生活，逐渐形成了独具特色的饮食文化。特别是以蒸菜为载体的荆楚饮食文化，是我们荆楚文化的主要组成部分和具体表现形式，在荆楚文化的传承、认同和传播方面发挥着不可替代的积极作用，是湖北文化软实力的一张鲜活名片。另外，由于省会武汉位于九省通衢之地，在饮食文化上有极强的兼容并蓄的包容性，也使我们湖北成为中国饮食文化融合和创新之地。

二、荆楚饮食类非物质文化遗产的保护与传承的对策和建议

我们要充分认识加强饮食类非物质文化遗产保护的意义。

（1）加强饮食类非物质文化遗产保护是保持人类文化多样性、彰显民族身份和确立我国文化地位的必然要求。

（2）加强饮食类非物质文化遗产保护是贯彻落实科学发展观、构建和谐社会的必然要求。

（3）加强饮食类非物质文化遗产保护是传承中华文明，繁荣社会主义先进文化的必然要求。

（4）加强饮食类非物质文化遗产保护是唤起民族自尊心、自信心和满足人们精神文化生活需求的重要举措。

保护过程中应正确认识和把握的几种关系：

保护与开发的关系：饮食类非物质文化遗产最为重要的是保护，保存优秀的文化传统，其次才是产业化的开发，将具有经济开发价值的文化遗产进行加工、包装，推向市场。同时，产业化开发获得的社会和经济效益又能更

好地促进保护。

继承与创新的关系：继承是饮食类非物质文化遗产保护的首要条件，但是，饮食类非物质文化遗产的载体是人，其形态是“活”的，因此，可以进行大胆的创新，以促进饮食类非物质文化遗产的发展。

申报与保护的关系：目前，我国已经公布了第一批国家非遗项目，我省也公布了第四批省级非遗项目。很多地方存在着重申报、轻管理、轻保护的现象，这种现象必须要杜绝。

具体措施：饮食类非物质文化遗产的保护应当以国家的总体目标、方针和要求为指导，结合地方实际来展开。国务院办公厅《关于加强我国饮食类非物质文化遗产保护工作的意见》提出了总的指导方针和工作原则。

工作指导方针：保护为主、抢救第一、合理利用、传承发展。

工作原则：政府主导、社会参与，明确职责、形成合力；长远规划、分步实施，点面结合、讲求实效。

为此，为保护好荆楚饮食类非物质文化遗产，各级相关单位应该协同做好以下几项工作：

第一，认真全面普查，建立名录体系。目前，国家级、湖北省一级的饮食类非物质文化遗产名录已经建立，但还应该进一步挖掘、整理，充实现有的名录，形成市、州、县的多级非遗名录。

第二，建立传承机制，加强队伍建设。机制建设尤为重要，整个湖北应当形成一个从省到市、县的非遗保护机构，充实人员，加强队伍建设。

第三，发挥政府作用，建立协调机制。饮食类非物质文化遗产的保护属于公益性的文化事业，因此，国家和政府的扶持是第一位的。必须发挥政府在保护过程中的主导作用，引导社会各界致力于非遗的保护过程，加大资金扶持，提供政策制度的保障，这样才能从实质上保护好饮食类非物质文化遗产。

第四，社会齐抓共管，提高工作成效。社会力量在饮食类非物质文化遗产保护中的作用很重要，相应的社会文化协会、机构、高等院校、企业单位等都能在饮食类非物质文化遗产的保护中贡献自己的力量。

三、实施品牌战略，挖掘文化价值

品牌是企业的象征，是企业的无形资产。品牌其实是企业所提供的独特价值的集中化、形象化体现，也是企业战略的“外部形象”。独特价值的持续实现会在消费者的心目中形成巨大的光环，形成品牌效应，同时消费群体与消费场合会进一步强化这种光环，例如消费高端产品的客户更让品牌成为成功者的标志，从而得到广大推崇成功者们的追捧，但是核心价值才是这些光环的核心，一旦独特价值不存在，光环也很快会消失。

品牌是一个产业生存的根基，只有更好地发挥品牌效应才能使产业立于不败之地，而巨大的经济效益也正是来源于产业所建立的品牌信任度。因此，对于一个区域产业而言，其生命力在于建立强势品牌。如同企业品牌以及产品品牌一样，区域品牌能够改变消费者的心理偏好，影响消费者的行为，使消费者倾向于消费这一区域产业的产品。比如，麦当劳和肯德基品牌能立于不败之地的关键仍是品牌的作用。

实施沔阳三蒸的品牌战略，是发展沔阳三蒸的必经之路；弘扬饮食文化，将餐饮业融入文化元素，培育一批餐饮品牌企业，促进旅游和文化消费，以充分实现其自身的商业价值。把沔阳三蒸推向全国，把蒸菜产业做大、做强。

四、深入挖掘“沔阳三蒸”的文化价值

品牌的核心，在于品牌的文化价值。“沔阳三蒸”具有悠久的历史文化。如何通过产品开发，并以产业的方式，充分挖掘和展现出其文化价值，从而实现其应有的经济效益。这就是说，要将“沔阳三蒸”打造成众望所归的菜式，除了开发、提升它的文化价值之外，尚需创新它的系列膳食品种，将文化价值具体地体现于产品形式之中，并通过产业开发的途径发扬光大。打造出一个颇具文化个性、迥异于其他餐饮菜式的“沔阳三蒸”特色品牌。

荆楚蒸菜饮食文化有过辉煌的历史，今天我们在各级政府的重视下，应该创造出辉煌的未来，特别是在当前，湖北经济发展加快，这一切都为荆楚蒸菜饮食文化振兴造就了天时、地利、人和的难得机遇。因此，我们应认真规划出蒸菜产业化发展的长期战略，做好发掘、继承、创新的文章，注意传统性和适应性相结合，既保持传统特色，又能吸取百家之长，不断开拓创新，适应消费者的需要，使荆楚地区的蒸菜饮食文化在保留地方性风味的同时，不断融合各地的优良特色，推陈出新，这样蒸菜的产业化将会更上一层楼。

浅议沔阳三蒸产业发展之路

卢永良[1]

作为鄂菜重要组成部分的“沔阳三蒸”，以其独特的烹饪技法，所用食材的广泛性（俗称无菜不蒸），老少咸宜的大众化，营养健康的属性而广受人们喜爱。伴随着沔阳三蒸浓浓蒸香传颂的陈友谅之妻张娘娘发明蒸菜慰劳士兵，少帅张学良京城品三蒸，即兴题辞“一尝有味三拍手，十里闻香九回头”的传闻为百姓所津津乐道，编歌传唱，“蒸菜之王，独数沔阳，如若不信，请来一尝”，让我们深感沔阳三蒸的魅力和生命力。

2011年，沔阳三蒸入选省非物质文化遗产项目，李和鸣大师成为沔阳三蒸的第四代传承人。据他提供的有史可查的资料来看，近百年在沔阳地区形成五代厨人，五支系为沔阳三蒸的传承与创新作出了巨大贡献。特别是改革开放40年来，沔阳三蒸的品牌建设和市场占有都有巨大发展。据不完全统计：1995年以来，沔阳三蒸被评为湖北省十大名菜，李和鸣、伍峰等多名沔阳厨界高手在省及全国烹饪大赛中以一款款传统和创新的沔阳蒸菜获取金牌，为沔阳三蒸争得殊荣，显示了沔阳三蒸传承创新后继有人。

综上所述，经过几代沔阳厨师的努力，沔阳三蒸发展的基础坚实，前景广阔。但是，时代在变、市场在变、需求在变、沔阳三蒸要发展也须随之而变。首先是观念要变，要树立传承不守旧，创新不忘本的理念；发展模式要变，要走产业化发展之路。

一、走产业化发展之路是沔阳三蒸发展方向

传统的餐饮运作模式束缚了沔阳三蒸的发展，从武汉市场情况来看，不少人尝试开蒸菜馆，但至今未见成功者。另一方面，大多数的酒店基本都安排供应蒸菜，这说明蒸菜有市场，但要做大做强就要调整思路，另辟蹊径。其二，现在已进入90后市场，他们不会做菜，也不想做菜，他们的生活依赖的是超市和专营店的成品与半成品的食物，这给我们指明了发展方向。做社

1 卢永良，中国烹饪协会副会长、全国劳动模范、元老级中国烹饪大师、国家商务部“中华名厨”、湖北经济学院教授、楚菜研究所所长、功勋楚菜大师。

会餐饮酒店业的中央厨房，即为需要蒸菜的酒店配送，做百姓的家庭厨房，即产品进超市、菜市场和社区专营店，消费者买回家，加热即食，如此便利，何乐不为，这就是我们所讲的产业化发展之路。

二、走产业化发展之路，要强化品牌建设

品牌竞争力已成为市场的核心竞争力，要进行沔阳三蒸品牌资源整合，统一品牌标识、统一品牌管理、统一宣传，不要各自为战、游离经营，只有集结成品牌力量，形成合力、丰富品种、提升品质、靠媒体智慧塑造品牌价值，把这一传统饮食品种品牌传承、创新、发展，才能使沔阳三蒸一步步走出去，逐步扩大市场规模。

千年三蒸悠久的历史是沔阳三蒸品牌的文化基础，原汁原味、不损营养、老少咸宜的特色是沔阳三蒸品牌核心元素。有文章称，吃蒸菜的地方，得“三高”的人群比例比其他地区低得多，因此，千年三蒸、健康人生应是沔阳三蒸品牌核心价值之一，是品牌推介的主题词。

三、走产业化发展之路，标准化建设是核心

标准化是产业化发展的核心条件。没有产品的标准化、食材的标准化和生产的标准化就谈不上产业化，非标准化是中国菜的特点。建立中国菜标准是一件很难的事，但菜品标准化是时代发展的趋势要求，更是产业化发展的必要条件，是生产标准化和食材标准化的前提，因此，组织力量，加快沔阳三蒸品种标准的制定是刻不容缓的工作。

四、走产业化发展之路，人才队伍建设是根本

现在是知识经济时代，对于个人而言，有知识就能转化为财富；对于一个企业来讲，有人才就能转化为竞争力；而对一个行业来说，有人才才能转化为推动其不断进步、不断向前发展的动力。仙桃市正是有五代五支大师这样的传承团队和个人，沔阳三蒸千百年来才得以传承与发展，才得以荣获

"中国沔阳三蒸之乡"殊荣。作为产业化的人才需求，不仅是厨师，还需要研发、设计、管理和销售等各方面的人才，是一项极重要的人力资源开发与建设性工作。

五、走产业化发展之路，政府支持是关键

沔阳三蒸走产业化发展之路是一项系统性工程，政府的主导和支持是成功的关键。我们要认识到，沔阳三蒸的产业化发展，将推动农业产业化的发展，拉动农业经济，增加农民收入，同时可以促进地方工业发展，提高就业率。因此，政府对沔阳三蒸产业化发展的支持，带动的是农业与工业，特别是农业的发展。简单来说，蒸菜生产所需食材本地采购，必将提高本地农民收入，由于量大、品种多、规格统一，势必推动农业产业化的发展。既然是工业化生产，就会推动本地蒸菜生产设备和蒸菜包装的研发、物流、水电业的生产发展，进而为百姓提供就业机会，同时也促进地方经济的发展。因此，政府的主导和支持是值得的。

沔阳三蒸，千年奇葩，一旦走上产业化发展之路，走出仙桃，走向武汉，走向全省，走向全国，走向世界，这是一个多么大的产业啊，难道不值得我们努力为之拼搏吗?

文化底蕴深厚的沔阳三蒸

许雅婷[1]　宋涛[2]

一部美食文化的发展史，就是一座城市的发展史。

今天，我们追溯沔阳三蒸的历史，探寻这座城市的发展足迹，感受美食文化带给仙桃人独特的生活方式和生活状态，以期打响“沔阳三蒸”这一品牌，以美食文化塑造城市灵魂，以美食文化挖掘旅游资源，让仙桃走出湖北，走向全国，走向世界。

关于沔阳三蒸的起源问题，既有美丽的传说，也有文献记载，还有考古发掘的实物佐证。

虽然沔阳三蒸究竟源于何时目前尚无定论，但与沔阳是水乡泽国有关。据记载，当时沔阳是：“一年雨水鱼当粮，螺虾蚌蛤填肚肠。”平民百姓吃不起粒粒如珠玑的大米，只有用少许杂粮磨粉，拌和鱼虾、野菜、藕块投箪而蒸，以此充饥。久而久之，便发展成了驰名中外的传统名菜。

《上古食器考》载：“教稼穑渔猎之术。乃制釜甑，取汾河水，萃五谷精，酿而为饮，蒸而为食。”从仙桃沙湖、越舟湖新石器时代遗址发掘的石器和陶器中，可以看到含谷壳的红烧土和鼎、鬲、坛、罐、壶、杯、碗、甑等生活用陶。谷壳证明了水稻的存在，据农学家推断，这里的水稻种植有超过7000年的历史；甑则证明了蒸的可能。这表明，5000年之前，沔阳先民已经掌握了蒸的技法，而沔阳三蒸的出现，要推迟到600多年前的元朝末年。

元末农民起义领袖陈友谅的夫人张凤道发明沔阳三蒸后，蒸菜技法传到民间，流传至今。

然而，陈友谅留给仙桃人的并不仅仅只是其反元功绩，更是开创了开荒屯田、度荒三蒸的历史，使得沔阳三蒸的饮食习俗在江汉平原源远流长。

一、陈友谅夫人发明沔阳三蒸

元朝末年灾荒连连，民不聊生，陈友谅率领农民在沔城揭竿而起，与腐

1　许雅婷，《仙桃周刊》记者。
2　宋涛，《仙桃周刊》记者。

败朝廷抗争。

然而军粮匮乏，将士长期营养不良，导致体弱力薄。陈友谅与夫人张凤道忧虑万分。一日张凤道将河湖港汊中盛产的螺蚌于锅中煮熟，再把磨碎的米粉撒在其中煮成糊嘟嘟，但因锅大料多，米粉下锅糊化时特别爱搭锅焦煳，生熟难以控制。于是她又想出用大米粉拌螺蚌，用甑蒸熟的方法。如此一来，不仅螺蚌米粉充分熟透，还增加了香气。将士食用后，身体渐壮，士气高涨，柴桑一战，大挫元军。

义军吃了张娘娘的粉蒸菜，大获全胜的消息鼓舞了百姓。大家争相效仿粉蒸菜做法，一传十，十传百，用米粉蒸菜的烹调方法很快在江汉平原这片沃土生根发芽，开花结果。

二、开荒屯田开启蒸菜文化之源

陈友谅在反元斗争的低潮期，起义军隐藏在沔阳湖区，依靠复杂的地形地貌与元军周旋。起义队伍纪律严明，宁可自己饿肚子，也不抢百姓一粒粮食。此时，陈友谅命令起义军自力更生，开荒屯田。

开荒屯田　陈友谅在推行屯田政策之后，分布在各地的起义队伍，都把它作为重要的军事任务加以落实。在湖广和江西的许多地方，都留下了有关屯田的记载和故事。

度荒三蒸　陈友谅夫人张凤道在灾荒之年，利用湖区自然条件和原料，创造出了沔阳三蒸，解决了起义队伍的燃眉之急，度过了艰苦的灾荒岁月。读罢这首“义军将士湖中藏，宁可挨饿不征粮。戽鱼挖藕摘野菜，且把三蒸当军粮”的歌谣，仿佛回到了600多年前烽火连天的岁月。

庆功三蒸　三蒸成为一种被人喜爱的食物之后，起义军在庆功会上也会采用鱼、肉、菜作原料，制作精美的三蒸产品，在庆功宴席上广泛使用。

宫廷三蒸　大汉政权建立后，三蒸成为宫廷独特风味的菜谱，它的原料与配料更为讲究，蒸的花样种类更丰富，其色泽精美，不禁让人垂涎欲滴。

三、沔阳三蒸备受青睐

“沔阳三蒸”之所以古往今来备受青睐，显示出强大的生命力，是由于其粉香扑鼻、原汁原味、软糯鲜嫩、营养丰富、老少皆宜的特点，深受老百姓的喜爱，同时也符合现代营养养生的原理。

清朝年间，乾隆皇帝游江南，到沔阳吃了“三蒸”，啧啧称赞。有了皇帝的赞赏，精明的沔阳人立即将“沔阳三蒸”酒家开到了北京。在京城的“湖北三蒸馆”“沔阳三蒸”做得风生水起。

民国时期，东北军少帅张学良在护卫的簇拥下，品尝“沔阳三蒸”后还题联“一尝有味三拍手，十里闻香九回头”。少帅题词更让“沔阳三蒸”名声大震，食客争相前往一品为快，品尝蒸菜的人络绎不绝，趋之若鹜。这一时期“沔阳饭店”遍开武汉三镇，以经营“沔阳三蒸”为主，高悬“蒸菜大王，唯有沔阳”的牌匾。武汉九省通衢的地理优势，使得“沔阳三蒸”辐射得更广，传播得更远。

新中国成立以后，党和国家领导人也对“沔阳三蒸”给予了很高的评价。

1985年原国家主席李先念视察仙桃排湖泵站，厨师制作的一道“粉蒸青螺”，受到李先念主席称赞。

1995年原国务院总理李鹏在仙桃考察工作，用餐时有一道沔城莲藕与猪五花肉合蒸的“莲藕粉蒸肉”。蒸肉里融合着莲藕的清香，莲藕里渗透着肉脂的油润，得到李鹏总理很高的评价。

1998年夏，原国家主席江泽民视察荆江大堤时途经仙桃，原仙苑宾馆厨师用本地农家产的柿饼南瓜制作了一道色泽金黄、香甜软糯的“米粉蒸南瓜”，江泽民主席吃后赞不绝口。

2011年，“沔阳三蒸及其制作技艺”被湖北省政府列入省级非物质文化遗产名录。

“沔阳三蒸”已成为仙桃市一张靓丽名片。时下外地到仙桃投资商、各种考察团和游客，都以能品尝到地道的“沔阳三蒸”为荣。

四、陈友谅夫人做三蒸（民间唱词）

长江滚滚向东方，奔腾不息入海洋。
元朝末年风云涌，农民起义反朝纲。
沔阳渔子陈友谅，高举义旗威名扬。
一日屯兵湖岸上，不少将士闹嚷嚷。
纷纷指责炊事房，做的菜肴没名堂。

有时煮得稀巴烂，有时炒得硬邦邦。
影响食欲吃不饱，无奈干脆把碗放。
人是铁来饭是钢，一日不吃饿得慌。
全身乏力脚手软，怎能挥戈上战场？
炊事人员发牢骚，认为指责不应当。
此事传入友谅耳，静坐营中细思量：
一人智慧毕竟少，集思广益定高强。
深入军营去访问，礼贤下士求主张。
将士见了甚感动，个个出谋献策忙。
你一言来我一语，争先恐后开了腔：
要说食物并不缺，沔阳是个鱼米乡。
只要改进烹调法，巧妙安排跟得上。
友谅一听开了窍，决心按此做文章。
赶快回到营房里，就和夫人作商量。
夫人烹调是能手，一种菜做好多样。
两人合计一番后，并肩来到炊事房。
将鱼砍成四方块，将菜切成半寸长。
将肉切成梳子形，一起放盐又放酱。
再用米粉拌均匀，然后就把蒸笼上。
灶里柴火要加足，蒸时不怕火力旺。
热气腾腾蒸好后，蒸笼揭开喷喷香。
蒸鱼蒸肉蒸青菜，将士吃得喜洋洋。
吃得好来吃得饱，身强体壮上战场。
“三蒸”传入民间后，人人都想尝一尝。
边吃边赞陈友谅，留下美味天下扬。

仙桃人的饮食习俗

周方婷[1]

仙桃饮食文化的魅力首先在于它丰富的创造性，这得益于仙桃水域多的地理环境和不断交融的历史文化。地处亚热带江汉平原，河湖遍布，东南临长江，北临汉江，仙桃物产丰富，食料广泛，促进了人们进食心理的选择，使餐桌上的沔阳三蒸肴馔丰富多变。这种多变是与中国人崇尚的“天人合一”一脉相承的。中国饮食文化也追求自然、社会、人际以及个体生命的和谐与均衡，人们通过一起吃饭来加深感情或解决问题，强调饮食结构（谷、畜、菜）和谐搭配，饮食要与季节相适，医食同源，养生保健。同时也强调五味（酸、甜、苦、辣、咸）调和五脏，五脏和平则精神健爽。

沔阳三蒸距今已经600多年历史，以沔阳三蒸为主线，家常菜为基础，多民族饮食文化共存的饮食习俗，如今已经渐渐形成了独特的饮食文化。一方水土滋养一方人，在沔阳三蒸滋养下的仙桃人有着属于自己的“安逸”。

一、家常菜是基础

沔阳三蒸是待客的家常菜、宴席的必备菜，属于典型的民间菜。目前，它显示出强大的生命力，经过600多年的锤炼，已成长为享誉中外的名菜。不问历史，但求现实，如今流行于天下的蒸食，还是要数沔阳三蒸为首。

名菜一般价格昂贵，平常人是吃不到的，比如宫廷菜，就有“帝王一席膳，百姓半年粮”之说，沔阳三蒸却是一个特例。

沔阳三蒸成本极低，且易学易传。在仙桃大街小巷，家家能蒸菜，人人会蒸菜，无菜不蒸，蒸菜品种也是数不胜数。民谚有云：“三蒸九扣十大碗，不上格子不成席。”传到外地，又有了“蒸菜大王，独数沔阳，如若不信，请来一尝”的歌谣。

旧时到沔阳的餐馆用餐，点菜还未上席之前，不是先上冷碟而是先上蒸菜，名曰压桌。今天的仙桃也一样，从乡村到城市，逢年过节都做热气腾腾

1　周方婷，《仙桃周刊》记者。

的蒸菜，寓意蒸蒸日上；婚丧嫁娶的酒席上，沔阳三蒸是重头戏，差不多有一半的菜肴是蒸的。这样的饮食习俗乃仙桃独有。

其实，好味道亦非鱼肉，乃一切飞禽走兽，沔阳三蒸至高境界其实是素食。最初，陈友谅夫人张凤道的初衷也是在此。而在仙桃，蒸茼蒿为沔阳三蒸之极品，其次是蒸萝卜和蒸藕。蒸萝卜以及蒸藕，也一律拌以蒸菜粉。可能因其粉浆包容了菜味，使菜的氧化过程阻缓，沸蒸时保持了菜的青鲜。蒸茼蒿之所以能在熟后保持着青葱的绿意，粉蒸就是秘诀。蒸萝卜之绵甜，蒸藕之粉糯，皆为沔阳三蒸之美妙。恰好，茼蒿也是水乡的地道产物，广阔的江汉平原，蒿类植物与水相连，拂天承日。萝卜、藕也是沔阳名物，流布于沔阳民间的沔阳三宝就有：沙湖盐蛋、红庙萝卜、沔城藕。地道仙桃人认为，沔阳三蒸，萝卜必须生于红庙，藕则必须长在沔城。

二、多民族饮食文化共存

仙桃属少数民族散居杂居地区，有回族、土家族、蒙古族、壮族、苗族、彝族、高山族、瑶族、侗族、土族、朝鲜族、藏族、白族、布依族等15

个少数民族。

全市少数民族呈大分散、小聚居的分布格局，除回族主要聚居在沔城、郭河、通海口等3镇外，其他少数民族分布在全市18个镇办。多民族的共同发展，让多民族的饮食文化共存。其中少数民族的饮食文化尤以沔城最为出彩。

千年古镇沔城由于它属少数民族散杂地区，在浩瀚的历史长河中，回、蒙、汉等各族人民长期朝夕相处，相互通婚融合，生活习惯彼此渗透，形成了一种具有民族和地方特色的民俗饮食文化。

谈沔城饮食文化，首先得谈沔城的藕和牛肉。沔城藕是闻名遐迩、家喻户晓的名藕，人们提起它都会赞不绝口。古代曾是进贡皇帝的贡品，贵宾席中的佳肴。现在畅销全国，部分远销国外，深受国际友人欢迎。沔城藕到底为什么这样好呢？也许是得益于钟灵毓秀的地理区位所沐浴的甘露琼液，也许是得益于一脉相传不断进化的优良品种，或许这些因素都有吧，造就了这粗硕肥壮、节匀头圆的沔城藕。把瘦牛肉剁成肉糜掺上莲藕，加上胡椒粉和葱姜末等调料团成小丸子，外面均匀地粘裹上一层泡好的糯米。蒸好之后，颗颗米粒挓挲起来，玲珑剔透。这晶莹松糯的珍珠丸子充满了诱惑，没有几个人能够抵御得住。好客的沔城人端上蒸笼，一笼沔城藕圆子上桌，糯米香

和莲藕香缠绕，伴随着牛肉的韧劲，吃起来格外撩人。

说到沔城牛肉，又是这座小镇值得骄傲的待客佳肴。沔城回民食品是独具魅力的，传统的清真食品忌食猪肉、自死物、血液，吃牛、鸡、羊等动物时，必须经阿訇念经屠宰后方可食用。因此，大部分沔城人都以牛肉作为肉食。如果说沔城藕闻名主要是在材料上，那么沔城牛肉闻名则在制作上，沔城牛肉不择种类和产地，做菜时牛肉必须新鲜不注水，一道粉蒸牛肉让人回味无穷。

三、沔阳三蒸饮食文化历久弥新

沔阳三蒸饮食民俗古风浓厚。探究沔阳三蒸和江汉平原饮食习俗，就会发现，不论是其烹饪技艺的继承和演变，还是日常习俗中诸多礼仪礼规，都证明了仙桃人将古老的饮食文化一代代传承下来，根基源远流长。

一项“蒸菜”的技艺，是仙桃人勤劳、聪慧的结晶。生活的动荡，环境的不断变化，使仙桃人在与自然斗争中，磨炼出了顽强生存意志和创造美好生活的奋斗精神。沔阳三蒸讲究“无菜不蒸”，在一个“蒸”中穷其食物之美味。“民以食为天”，仙桃人注重烹饪之术，正是其生存观的体现。蒸茼蒿，在江汉平原最为流行，在中国地理的长江中上游平原，创造了水乡菜系的平民主义。平民化的蒸茼蒿，将青嫩的茼蒿剁碎，拌之米粉，如若菜糊，以小型的竹蒸笼蒸之，绵柔青绿，淡淡的茼蒿清苦味道和着米香味，那就是表达水乡人生的悠悠清香。

同样，江汉平原饮食习俗反映出浓厚的传统文化观念。其一是俭朴好客，仙桃人平素饮食节俭，不事奢华，而待客则十分大方，讲究“三蒸九扣十大碗”，菜肴实惠量足，盛器多用大碗、蒸笼，有古民遗风；其二是尊老知礼，仙桃人设筵用四方桌，依辈分排座次，席间礼规繁多，长辈做上席，席间小辈给长辈敬菜敬酒等；其三追求吉祥。蒸菜又意味着蒸蒸日上，有鱼则意味着年年有余。

在沔阳三蒸的饮食民俗中的养生保健意识尤为鲜明。蒸菜用料讲究鲜嫩，加工就一个“蒸”字，不破坏食物营养与纤维；烹调讲究原汁原味，不使过浓佐料，清淡可口，利于消化；膳食讲荤素搭配，并根据时令增减食物品种。所有这些，都反映出仙桃人在几百年的生活实践中，勤于探索养生之道，善于总结保健经验，注重利用自然中潜藏的科学道理。

沔阳三蒸：仙桃人的家常菜

周方婷[1]

随着除夕的临近，拼搏在外的仙桃人从全国各个角落启程，回到了阔别已久的故乡。于是，厨房的灶火重新被点燃，食物热气把年的味道渲染开来。

当肥而不腻的粉蒸肉遇到了绵软浓稠的沔城藕，再搭配原始的醋汁作为浇头，单单用鼻尖似乎就可以品尝美味。这道常见食材的创意结合造就的时令菜，成为不少回到家乡的仙桃人首先动筷的“心头好”。

对于吃的判断和喜好，最霸道，也最无理，它与记忆、成长、离开、归来、故乡等一切生命中最重要的东西都相关。

沔阳三蒸，早已经作为仙桃符号的一部分，在仙桃人的食物体系里自成一派。当在外的游子思念家乡时，涌上心头的总有属于沔阳三蒸的热气腾腾。

一、无“蒸”不成席

“蒸”这种烹饪技法，是东方区别西方饮食文化的重要区别。北方人喜爱蒸主食，南方人则擅长蒸菜。而在仙桃，则将蒸菜发挥到了极致，更是素有“无蒸不成席”一说。蒸菜保持了纯正口味，更突出禽畜的肥美、鱼虾的鲜嫩和蔬菜的清香。

每到过年过节请客吃饭，蒸菜是必不可少的，仙桃招待客人都讲究“三蒸九扣”。家里办喜席，招待几十桌的客人，一个大蒸笼里能蒸出上百碗菜。

1　周方婷，《仙桃周刊》记者。

老刘儿子的婚期定在腊月二十，家里已经十几年没做过喜事，他要风风光光给儿子娶媳妇，首先得在酒席上下功夫。婚期早在两个月前就定下，因为腊月里喜事多，大厨的档期都比较满，老刘还得托同族的人说好话才找到了厨子师傅建军。建军今年35岁，入行19年。作为“一条龙”主厨的他，因为手艺不错，遇到逢年过节的点，他的档期都排得满满的。

阴历腊月二十，阳历2月8日，星期天。建军不到6点就起床，他得6点半就到达东家，准备酒席的食物。其中，蒸菜是必不可少的几道大菜。

建军照着清单，一一对照着食物：土豆、沔城藕、芋头、武昌鱼、五花肉、排骨、糯米，食物点清无误，开始一天的忙碌。

“在仙桃，比较考验厨师手艺的就是蒸菜了，做得好不好，开席了，客人尝得出味道，好吃，下次家里做喜事自然也会想到你。”建军从16岁开始在馆子里跑堂打下手，师从很多老师傅，“做得不好，砸得还是自己的招牌。我们这一行，最讲究靠味道说话。”

大灶的炉火越来越旺，调好料的食物分配均匀装进大碗，再进蒸笼。随着前头舞台的戏曲声越来越欢快，临近饭点，亲朋好友们也开始陆续就坐。

蒸菜在仙桃的酒席上，往往是压轴菜。时间推移，特色菜式不断变更，但蒸菜从来都是主角。一道全家福打头阵，干炸鱼块、爆炒牛肉、土豆烧鸡、甲鱼锅块、黑木耳肉圆子轮番登场。接着就是蒸菜的排列了，粉蒸排骨、粉蒸五花肉、粉蒸鱼，糯米打造的米粉晶莹剔透包裹着主菜，绿色葱花点缀其上，浇头的油光再次为菜式增添色彩，传菜师傅端着菜盘游走在酒席间，食物的香味穿梭逡巡，和腊月里的喜庆相得益彰。

“我要多带点给老伴吃，他牙齿不好，吃点蒸肉。”来赴宴的赵婆婆一面吃，一面朝自己早已备好的碗里夹菜，“建军做的菜好吃，我们老人家就喜欢吃蒸菜，吃起来不用劲，入口即化。”

等到上完蒸菜，酒席上已酒过三巡，再来点甜汤和下饭小菜，这餐宴席就暂告一段落了。

建军和他的团队要等到客人们都离开后，才能吃上饭。看着被一扫而光的桌面，建军满脸微笑，“做的菜被吃完，就是对自己最好的肯定。”

二、平凡的家常菜

虽然只是一道家常菜，但沔阳三蒸能够与仙桃人的生活紧密联系在一起，这菜中的滋味也早已融汇了仙桃普通百姓日常生活的缩影，再现出每一个普通家庭勤劳致富、朴实生活的理念。也许正是这样入口滋味的寻常菜肴，让很多迷失在都市生活中的仙桃人重新唤醒对于生活的本质追求。

2月8日，在杭州打工一年的孙娟娟和老公乘坐高铁回家，第一站就直奔娘家，只为品尝妈妈做的蒸菜。

孙娟娟在网上抢到回仙桃的火车票后，第一时间通知了父母。从那天起，老两口就扳着手指头开始倒计时，女儿还有几天回家。

“娟娟最喜欢吃蒸茼蒿，拌上一点猪油，光吃这个菜就可以吃几碗。”2月8日大清早，孙娟娟的母亲跑到屋后菜园里，摘新鲜的茼蒿，“今年天气好，茼蒿多，多摘一点，她吃完饭了还可以带点到她婆家去。”

老两口摘完菜园里的茼蒿和菜薹后，又骑上电动车去了菜场，采购新鲜的沔城藕、排骨和猪肉，当然还有不少鲜活的水产品。

“蒸鱼蒸肉的时候盐要最后放，等到锅里上汽了，就马上放进去，不然时间长了，盐把水分都挤出来了。”孙娟娟的母亲在熟练地撒上蒸菜粉和各种调料，做这些时会有意提醒女儿注意事项，她知道女儿在外面疲于生计，很多时候吃饭都是马虎了事，只是单纯的填饱肚子。但她希望女儿也能学会做饭，思念家乡味道的时候也能亲自做给自己吃。烹饪的继承是手手相传，最古老亦最传统。

忙活伴随着等待，晚饭在下午六点准时开始，属于仙桃人的十大碗菜摆上了桌，蒸藕、蒸芋头、蒸蛋、蒸肉、蒸鱼蒸菜占据了大半壁江山。“老妈，我们今年赚到钱了，准备送你一个金镯子”，“又瞎花钱，我这个老家伙不兴带这个，你自己把钱留着做其他事情”。伴随着欢笑声和碗筷声的交错，孙娟娟一家人在饭桌上交流着最平凡的幸福。

在仙桃，家家能蒸菜，人人会蒸菜。无菜不蒸，无蒸不成席，蒸菜品种数不胜数。从手到口，从口到心，只要点起炉火，端起碗筷，每个平凡的仙桃人，都在某个瞬间，参与创造了舌尖上的非凡史诗。

仙桃从乡村到城市，无论主妇童叟，没有不会做粉蒸菜的，在仙桃逢年过节家家做蒸菜，热气腾腾寓意蒸蒸日上。旧时到仙桃餐馆用餐，当点菜还未上席之前，不是先上冷碟而是先上蒸菜，名曰压桌。如此钟情粉蒸菜，如此饮食习俗乃属仙桃独有。

沔阳三蒸之所以受到老百姓的宠爱，除了食材、佐料、做法简单之外，最重要的莫过于它的质朴、温润、热气腾腾，象征着大家对家的理解与感受。

融合与创新中的沔阳三蒸

许雅婷[1]　周方婷[2]

“服务员，再给我们上一份回锅蒸豆角。这个菜好下饭！”这是记者在农家小院采访时听到的一句对白。食客所说的这道回锅蒸豆角亦是勤劳节俭的仙桃人在日常生活中对沔阳三蒸的创新。

一般仙桃家庭待客都要强调“三蒸九扣十大碗”，宴请结束后，往往餐桌上的菜都会吃不完。继续放进蒸笼蒸又显得太繁琐，于是直接将蒸菜蒸肉混合在一起，放到炒锅里加热。没想到，这样的结合让蒸菜的美味更加与众不同了，蔬菜的清香和五花肉的肉脂混合，小火慢煎中米粉结出微黄的锅巴，出锅之前撒上一把葱花，淋上香醋，一道回锅蒸菜就是这么简单，却也出奇好吃，更是下饭佳品。

传统沔阳三蒸吸引食客的是浓郁的田野气息和鲜明的乡村特色。时至今日，沔阳三蒸的创新不外乎体现在三方面：一是从单纯“蒸”的传统烹饪方法到借鉴其他菜系流派的煎、炒等技法；二是从只采用野生粗养的家禽肉类等为原料到采用山珍海味等高档食品为材料；三是由过去外形古朴、花色简单到追求今天的色、香、味、形俱佳，这说明沔阳三蒸在不断地博采众长、推陈出新。民间菜品只是粗糙的生活加工，而作为酒店业的高端餐饮则在精雕细琢中不断研发新菜品。

由此看来，一招鲜，吃遍天，真不是传说。招牌菜的无穷魅力带来了巨大的品牌效益。

“我们如今要做的，便是从仙桃做到全国去，做出响当当的招牌菜来。”面对沔阳三蒸的大好发展势头，中国烹饪大师、仙桃市烹饪酒店行业协会会长、仙桃市沔阳三蒸协会会长李和鸣满腔热血也心怀期待：“我们一直在改良，争取创出更多好的菜品。”

“无蒸不成宴”，沔阳三蒸兼容并蓄的改良，成就了沔阳三蒸革命的又一次辉煌。

蒸菜味美，除了价格适中，“它的魅力在于能适应每一个地区，渗透能力和感染力让它适合国人的口味。”李和鸣介绍，“毕竟有几千年的发展

1　许雅婷，《仙桃周刊》记者。
2　周方婷，《仙桃周刊》记者。

历史了，底蕴深厚。改革开放以后，沔阳三蒸逐步把最精华的部分提炼出来了。”

融合与创新是发展动力

近年来，外来餐饮的“入侵”，打破了我市原有的单一的餐饮市场，全国各地饮食相互包容的格局渐渐形成，这一改变对我市的传统饮食会产生什么样的影响呢？

就此，李和鸣认为，饮食结构的变化代表了城市的发展，总体上看，餐饮市场大融合是一个趋势，文化的交流融合是饮食发展的重要条件，只有不断地创新才能推进文化的发展，餐饮业和地方菜系文化的进步也是一个融合与创新的过程。

仙桃如今已是流动人口众多的城市，因为市场需求的导向，餐饮企业融合各地不同的口味、原材料与技艺方法，使饮食文化和菜系文化呈现出多姿多彩的特点。

“融合与创新首先需要遵循文化根基，菜系文化不是流行文化，不能单凭一两道流行的新菜肴、几种新鲜的吃法和环境的翻新，就简单地得出菜系文化体系创新的结论。”李和鸣表示，菜品的创新需要在挖掘和继承历史文化特征和地方风格的基础上，按照菜系发展要求，加以改良和提升，不是简单地开发，要使地方菜系文化底蕴更厚重、文化得到升华。在此基础上，融合创新要兼顾文化价值和市场价值的两重性，有文化代表性，也要有市场推广性，得到人们接受和认可。“所以，我们现在要强调沔阳三蒸背后的文化价值，这样才能深层次地挖掘它的内涵，塑造品牌。”

沔阳三蒸的衍生品牌也在不断发展壮大。以沔阳三蒸米粉、沔城藕、红庙萝卜、张沟鳝鱼等品牌为首的民营企业也在探索中寻找着两者的结合点，通过融合与创新达到新高度。

任何一种食物的好吃与否，食材起着至关重要的作用。而作为沔阳三蒸的食材，也许只有地道的江汉平原农作物才是配料佳品。

各地媒体眼中的沔阳三蒸

沔阳三蒸不单是一种美食，更是早已积淀成一种文化。2010年，“沔阳三蒸制作技艺”被列入省级非物质文化遗产名录，被各级媒体竞相报道。

2011年11月，CCTV-2《消费主张》栏目《淘乐进行时——好戏连台》以《沔阳三蒸》为题对仙桃的人文美食进行了近半小时的介绍。

2012年9月，CCTV-4大型旅游节目《远方的家》栏目《北纬30° 中国行》摄制组一行在仙桃进行了为期10天的采访拍摄，视频播出时长45分钟，分别介绍了邓氏麦秆画、沔城莲藕、沙湖盐蛋、沔阳皮影戏、沔阳三蒸、沙湖湿地公园等，其中以采访沔阳三蒸传承人来展示沔阳三蒸的内容就有近6分钟。

2013年3月，《湖北日报》以《沔阳三蒸，蒸出来的精彩》为题，对沔阳三蒸的历史沿革、发展、制作方法等进行了详细的介绍。

2013年3月，湖北经视台以《舌尖上的沔阳三蒸》为题，来我市拍摄沔阳三蒸专题片。在农家小院，栏目摄制组拍摄了最为原始的、现在仍在农村广泛流行的、以甑作为蒸菜工具的“沔阳三蒸”的制作过程。

2013年6月，《楚天都市报》以《仙桃寻味——邂逅“三蒸”非遗传人》为题，不仅介绍了沔阳三蒸非遗第四代传人——中国烹饪大师李和鸣，还对沔阳三蒸的创新及最新菜品进行了详细报道。

2013年7月，内蒙古卫视台《蔚蓝的故乡》栏目《小吃搜天下·湖北》中，对仙桃美食特别是沔阳三蒸的制作过程进行了详细报道。

2014年7月，台湾的电视公司、《台湾时报》在仙桃市拍摄“魅力城市”专题片，重点对沔阳三蒸进行了介绍。

2014年7月，上海东方卫视《行走的美味》栏目走进仙桃市，对沔阳三蒸进行了专题报道。

2019年中央电视台《中国味道》栏目采访了湖北省非物质文化遗产沔阳三蒸技艺传承人李和鸣大师，并进行报道。

沔阳三蒸大事记（2000—2019年）

1. 2015年仙桃市成立了沔阳三蒸协会，成功申报“中国沔阳三蒸之乡”，在国家工商总局注册了沔阳三蒸证明商标。

餐饮业行业发展认定证书
证书编号：CCA-A100025
兹证明
湖北省仙桃市
符合《中国烹饪协会统一认定管理办法》
行业发展认定标准 CCA/R 2011:01
认定为
中国沔阳三蒸之乡
签发人：
颁证日期：2015年3月

第 15657071A 号
商标注册证
（证明商标）
沔阳三蒸
Mian Yang San Zheng
注册人 仙桃市沔阳三蒸协会
注册人地址 湖北省仙桃市沔阳大道20号
注册日期 2015年11月14日 有效期至 2025年11月13日
局长 发证机关

2. 建设并成立了陈友谅纪念馆、沔阳三蒸博物馆，广大人民群众可以了解沔阳三蒸的文化、历史。

3. 仙桃市人民政府与武汉商学院共同成立了中国沔阳三蒸研究院。开展沔阳三蒸文化、菜肴标准、产业化推进研究等相关工作。

4. 仙桃市人民政府出台了关于推进“沔阳三蒸”产业化发展的工作方案，制定了加快“沔阳二蒸”产业化发展规划编制等十条措施。

5. 李和鸣大师餐饮工作室（省级）挂牌成立，工作室致力于研究整理仙桃饮食文化，传承烹饪技艺，品鉴美味佳肴，特别是对沔阳三蒸文化及技艺的传承及培训等工作。

6. 自2014年来，成功举办多次沔阳三蒸文化节、以非物质文化遗产提升仙桃餐饮与旅游品牌。通过组织开展以非物质文化遗产为内涵的节庆文化活动，强化饮食文化与旅游融合。使沔阳三蒸深度融入本地旅游市场。

7. 组织开展沔阳三蒸进校园、进社区等传承活动。

近年来，仙桃市沔阳三蒸协会受武汉商学院“湖北非遗”进校园组委会的邀请，为该校烹饪与食品工程学院学生现场讲授并制作具有仙桃地方特色蒸菜——沔阳三蒸。让在校大学生经历了一场奇妙的味蕾之旅。这次与大学生近距离接触，让学子们领略到“沔阳三蒸”的精髓，感受到中国烹饪技艺的博大精深。

8. 建立沔阳三蒸传承人制度。沔阳三蒸协会已编制《沔阳三蒸传承谱系》，目的是让传承人肩负起责任和使命。

9. 积极开展拜师学艺、以师带徒等形式培养后辈人才，确保传承后继有人。

近年来，仙桃市沔阳三蒸协会组织厨师开展了拜师学艺活动，2011年开始，先后有严金明、伍峰、陈新云、武思平、魏铁汉、毛火荣、王华荣等人分别拜卢永良大师、孙昌弼大师、涂建国大师、余明社大师、李和鸣大师等为师；这些做法对沔阳三蒸的传承起到积极推动作用。

10. 沔阳三蒸产业化生产迈开了可喜的步伐。

湖北仙宇调味品有限公司是一家以生产调味料、蒸菜米粉及沔阳三蒸系列菜品为主的公司，该公司年生产、销售各类蒸菜米粉、沔阳三蒸系列菜品、各类等调味品3500多吨，销售额4800多万元，目前已有荷香粉蒸肉、糯米蒸排骨、粉蒸菱角米、清蒸豆腐圆、扣蒸八宝饭等多个品种通过冷链保鲜技术，进入酒店、超市销售，走进了寻常百姓的餐桌。

第二章

沔阳三蒸及其文化礼仪

第一节
沔阳三蒸概述

一、沔阳三蒸的定义

沔阳三蒸是以水产类、禽畜类、蔬菜类为主要原料，以粉蒸为主要技法，多种蒸菜技法（扣蒸、清蒸、旱蒸、炮蒸、酿蒸）并用制成的系列菜肴，因起源于沔阳（今仙桃市）而得名。

二、沔阳三蒸的代表品种

早期是指粉蒸肉、粉蒸鱼、粉蒸青菜。到后来，又分成以下三大类：

畜禽类	**水产类**	**蔬菜类**
以粉蒸肉、珍珠丸子为代表。	以粉蒸鲶鱼、粉蒸青鱼、粉蒸鳝鱼为代表。	以螺蛳茼蒿蒸、清炖白莲、粉蒸莲藕为代表。

三、沔阳三蒸的特点

（1）取材广泛，操作简单，适合大众制作。

（2）融稀、滚、烂、淡于一体，集色、香、味、养于一身。粉香扑鼻，肉类肥而不腻，鱼类嫩而不腥，蔬菜淡而不寡。

（3）原汁原味、不损营养，符合现代养生理念。

四、沔阳三蒸的发展历程

沔阳三蒸的萌芽可上溯到湖北省仙桃沙湖、越舟湖文化时期，据考证有4600多年的历史。形成于元朝末年，发展于清朝年间，成熟于新中国成立后。

五、沔阳三蒸的技法特色

（一）原料选择有讲究

米粉选择不马虎　蒸菜米粉首选籼米，因为籼米胀性较大，能吸收水分，而且散齿，粳米糯性太强。蒸畜禽类要选用五香熟米粉（先将籼米洗净控干，与八角、丁香放入炒锅，在微火上炒约20分钟，微黄时起锅磨成鱼子大小的粉粒），而蒸鱼、蒸蔬菜要选择生米粉，且比五香熟米粉颗粒要细一些。

原料选择最重要　原料要求新鲜、质嫩、无异味。畜禽类以农家散养的畜禽为宜，猪肉又以软五花和上脑为好，因其肥瘦相间，肉质结实，成品口感油润适中；鱼类以野生的青鱼、鲢鱼或鳝鱼为佳，它们是吃野水草食物长大的，肉质细嫩，鲜味足；蔬菜类以郭河红庙冬季下霜后的红皮萝卜最为适宜，蒸出来甜润；莲藕则以沔城莲花池的九孔莲藕最佳，蒸出来粉糯适口。

（二）上粉方法有技巧

沔阳三蒸根据不同原料的特性，一般采用拌、蘸、簸、滚四种方法上米粉。

拌　是将在经过腌渍码味后的原料，直接加入米粉拌均匀，然后入蒸笼蒸制的上粉法，适用于肉类及叶菜类的蒸菜。

蘸　是将码味后的块片状原料，用筷子或手夹住一角，利用原料表面的潮湿，全方位均匀地粘上一层米粉，适用于全鱼、鱼块、鱼片等。

簸　是将上味后的原料，置于较大的容器，加米粉前后上下翻簸，使其表面均匀粘上米粉，此法特别适用于茎块类蔬菜。

滚　是将盛米粉、糯米或者其他碎屑形的原料的器皿斜放，让球形菜坯由高处向低处滚动，边滚边粘上米粉、糯米或其他碎屑原料，适合于圆子类。

（三）调味方法要注重

蒸菜的调味可分为加热前的调味和加热后的调味，加热前的调味也叫基础调味或码味，加热后的调味也称辅助调味，蒸熟后要用三合油（生抽、香醋、麻油、汤汁、胡椒粉、味精等调和而成）淋入菜肴中，最后还要撒上葱花以增加香味。蔬菜中的叶类原料一定要改切成细末状，蒸熟后才能调味，如果事先调味，则难以蒸熟，或口感响脆而不软烂。“沔阳三蒸”传统的辅

助调味有四种方法，即淋、醮、拌、烩，可根据不同的菜肴灵活掌握，一般而言，淋、醮多适用于动物性原料，拌、烩多适用于植物性原料。

（四）火候掌握要恰当

质地鲜嫩的原料可用旺火沸水速蒸，质地较老的原料可用中火沸水慢慢蒸。

蒸肉
大火蒸35分钟

蒸鱼
10分钟

叶菜类蔬菜
蒸10分钟

根茎类蔬菜
蒸30分钟

（五）蒸菜器具最独特

沔阳三蒸的蒸菜器具可分为三类。一是溜子馆，即小蒸笼；二是酒席馆，即大蒸笼；三是家用木甑。有些既是加热器具，又是装盘上桌器皿。如果米饭和菜肴在木甑同蒸，味道更好。

（六）原料搭配有学问

把动物性原料和植物性原料搭配合蒸，营养和口味可以互相补充相得益彰。

蒸的原料经码好味、上好粉后，摆放的顺序一定要是蔬菜在最下面，中间是肉类，最上面才是鱼类。这样做的原理就是，让蔬菜、鱼类充分粘附肉类分解的油脂，蒸肉则吸收蒸菜产生的清香，同时，蔬菜、肉类因细胞破裂流出的水分和营养成分被米粉吸附，使米粉膨润。这样做出的菜肴肥而不腻，淡而不寡，原汁原味。特别强调的是，在用木甑蒸菜还要用竹筷在原料间插几个汽眼，以利蒸汽对流，否则难以蒸熟。

六、沔阳三蒸非物质文化遗产的传承与保护

2010年，沔阳三蒸通过专家评审，被列为湖北省非物质文化遗产。为做好沔阳三蒸非物质文化遗产保护工作，仙桃市成立了沔阳三蒸协会，建立了沔阳三蒸传承人制度，编制了《中华沔阳三蒸传承谱系》，建立了沔阳三蒸博物馆，与武汉商学院联合成立中国沔阳三蒸研究院，设立了沔阳三蒸传承保护基地，2015年仙桃被授予中国沔阳三蒸之乡，并成功注册了“沔阳三蒸”证明商标，为沔阳三蒸的传承与发展打下了坚实的基础。

沔阳三蒸传承谱系

支系	代数	姓名	性别	出生年月	文化程度	承传方式	学艺时间
第一支系	一代	金恒生	男	1895	初小	祖传	不详
	二代	金七斤	男	1914	高小	祖传	1929.3
	三代	陈锡椿	男	1943	大专	师传	1963.9
	四代	盛国登	男	1956.2	初中	师传	1979.4
		伍　峰	男	1961.8	大专	师传	1984.9
		徐元茂	男	1964.7	本科	师传	1984.9
		陈新云	男	1971.10	中专	师传	1988.9
		陈　洪	男	1967.1	中专	师传	1988.9

续表

支系	代数	姓名	性别	出生年月	文化程度	承传方式	学艺时间
第一支系	五代	何少华	男	1967.5	高中	师传	1991.5
		王　辉	男	1978	初中	师传	1992
		何继红	男	1976	中专	师传	1993
		刘伟建	男	1972	中专	师传	1990
		侯　涛	男	1982.8	初中	师传	1998
第二支系	一代	祁同强	男	1903.11	初小	不详	不详
	二代	祁金海	男	1923.4	初小	祖传	1938.1
	三代	喻成汉	男	1950.6	初中	师传	1966.1
	四代	李和鸣	男	1957.1	高中	师传	1977.1
	五代	魏铁汉	男	1975.1	中专	师传	1993.9
		邵俊清	男	1976.3	大专	师传	1991.3
		高光玉	男	1974.3	高中	师传	1992.8
		魏国兵	男	1976.1	初中	师传	1991.9
		沈　翔	男	1970.2	初中	师传	1989.2
		顾军武	男	1970.1	初中	师传	1987.3
		王华荣	男	1977.8	大专	师传	1995.5
		张忠祥	男	1968.12	高中	师传	1988
		毛火荣	男	1978	高中	师传	1993
		杜爱民	男	1976.10	中专	师传	1994
	六代	胡　飞	男	1982.8	高中	师传	1998.5
		杨　杰	男	1977.1	中专	师传	1994.5
第三支系	一代	王成章	男	1876.3	初小	祖传	1891
	二代	王又清	男	1901	初小	祖传	1916
	三代	王汉发	男	1922.1	高中	祖传	1937
	四代	王振艾	男	1951.4	初中	师传	1967.5
	五代	向晋鹤	男	1970.1	高中	师传	1988.4
		蔡新国	男	1971.9	高中	师传	1988.5
		盛万刚	男	1976.4	初中	师传	1993.2
		刘勇军	男	1978.1	高中	师传	1993.11

续表

支系	代数	姓名	性别	出生年月	文化程度	承传方式	学艺时间
第四支系	一代	刘咬齐	男	1921.3	初小	祖传	不详
	二代	刘毛字	男	1941.1	高小	祖传	1956.6
	三代	王乾坤	男	1952.4	高中	师传	1970.3
	四代	闵飞庭	男	1959.1	高中	师传	1980.4
		孟继元	男	1959.2	高中	师传	1977.1
	五代	李厚权	男	1970.5	高中	师传	1992.8
		徐　葵	男	1973.8	高中	师传	1992.5
		李德军	男	1975.11	高中	师传	1991.5
		何正富	男	1977.8	初中	师传	1992.5
		腾义红	男	1974.8	初中	师传	1993.6
		汤祥武	男	1975.10	初中	师传	1992
第五支系	一代	武正凤	男	1861	私塾	祖传	不详
	二代	武大宾	男	1879	私塾	祖传	1894
	三代	武身其	男	1904	私塾	祖传	不详
		武身清	男	1917	私塾	祖传	不详
	四代	武修辰	男	1931	初中	祖传	1947
	五代	武思平	男	1969.6	大专	师传	1989
	六代	刘　冲	男	1989.1	中专	师传	2006
		胡文继	男	1983.5	中专	师传	1995
		代　超	男	1985.11	初中	师传	2002

七、沔阳三蒸特色突出，备受推崇

健康　沔阳三蒸成菜讲究原汁原味，将食材的特性发挥到极致，既要求食材必须新鲜、绿色、无污染，又能大大减少菜肴的含盐量，降低高钠膳食引发疾病的概率。蒸制过程中，以水蒸气作为传热介质，避免了煎炸食物所产生的自由基，能有效防止因自由基导致各种心血管疾病的发生。其中，粉蒸技法能最大限度避免食材营养素的破坏，即使食材原料细胞破裂，流出的营养成分也能被米粉吸附，可大大提高菜肴的营养价值。

卫生 在沔阳三蒸烹制过程中，高温蒸制不仅能消除食材中的有害成分，也能为餐具进行蒸汽消毒，确保了菜肴安全卫生。

快捷 沔阳三蒸菜品多为先蒸后卖，随堂点菜，即点即食，方便快捷，适合现代人的快节奏生活。

技法多样 沔阳三蒸以粉蒸技法最具特色，衍生出扣蒸、清蒸、旱蒸、滚料蒸、炮蒸等多种蒸菜技法。

品种丰富 无论是飞禽走兽，还是河湖江鲜，无论是动物，还是植物，都可制作蒸菜。所以又有“沔阳三蒸，无所不蒸”之说。

工艺简单 沔阳三蒸制作工艺流程简单，蒸菜原料、工具简便易得，火候容易把握，成菜质量便于控制。

八、沔阳三蒸群众基础广泛

在仙桃民间，从乡村到城市，家家能蒸菜，人人会蒸菜，无菜不蒸；逢年过节、婚丧嫁娶、招待亲朋，无蒸不成席，更有民谚“三蒸九扣十大碗，不上格子（蒸笼）不成席”，蒸菜已成为仙桃独特的饮食习俗，具有广泛的群众基础。

第二节 沔阳三蒸文化礼仪

一 沔阳三蒸的礼仪

沔阳三蒸是楚菜的一个重要组成部分，是楚菜十大经典菜肴之一，作为湖北省非物质文化遗产，其历史源远流长。探究沔阳三蒸饮食习俗，不难发现，不论是其烹饪技艺的继承和演变，还是日常食俗中诸多礼仪礼规，都让“饮食”这个行为超越了其本身的自然功能，从而进化成为一种文化现象。沔阳三蒸所表现的礼仪文化流传至今，是沔阳三蒸饮食文化的精髓，直到今天仍然对仙桃（过去称沔阳）人的饮食生活具有重要的影响。沔阳三蒸礼仪对于餐饮祭祀活动、蒸菜开笼、馈赠大圆子、年节蒸菜、招待宾客及上菜的顺序等方面都有一定的礼仪要求，沔阳三蒸礼仪经过自身长时间的发展和融合，其中的精华部分仍然为现代的仙桃人所承认且遵守，所以，更好地认识并且熟悉沔阳三蒸礼仪具有一定的现实意义。

一、沔阳三蒸的祭祀礼仪

中国人祭祖，向来是用刀俎三牲、清香三炷、清酒三樽的，仙桃人多了一项，就是用蒸菜三碗祭拜祖先，即在重要的年节活动、家庭重要的喜庆事宜到来之际，都要上笼蒸菜，蒸菜食用之前要先祭拜祖先，祭祀时将粉蒸鱼、粉蒸肉、粉蒸青菜用三个碗装好，供奉到香台或指定的地方，点上清香，斟上清酒，心里默默祈祷。一方面是通过祭拜达到消灾除害的目的，另一方面希望通过祭拜求福，祈求家人健康长寿、平平安安、一帆风顺。同时通过祭拜报谢神灵的恩赐。其实祭拜过程也是一种文化传承，对后辈具有一定的教育功能。祭祀过后，祭品转化为菜品，晚辈须将菜品食用，以求得到祖先的保佑，这叫“纳福”。

仙桃民间红白喜事举办宴会前要祭拜灶神，也是沔阳三蒸礼仪的一项重要内容，其意义与沔阳三蒸祭祀礼仪大同小异，按民间的说法是为了防治塌汽、菜肴蒸不熟，通过祭拜以求气通事顺，蒸蒸日上。祭拜灶神时，要有五供，即香、花、灯、清茶、水果等。表示对神灵的敬重，心诚则灵。

二、沔阳三蒸的开笼礼仪

民谚有云："三蒸九扣十大碗，不上格子不成席。"沔阳三蒸民间筵席开笼上菜也要讲究礼仪。特别是各类婚宴、寿宴等较为隆重宴会，开笼上菜前，知宾先生（宴会管事的人）和东家一起端着装好香烟、毛巾、香皂、红包（俗称开笼利事）的茶盘，打赏给厨师。厨师接过茶盘，大声吆喝："上菜了！"厨师开笼上的第一碗菜就是"扣蒸肉圆"，寓意"圆圆满满"。上了这道扣蒸肉圆，宴会就正式开始。因为扣蒸肉圆是宴会的第一道菜，所以菜肴的选料及配料比例讲究、制作要求也特别高，能把扣蒸肉圆做到软滑鲜嫩、油润不腻、咸淡适宜，标志整个筵席菜肴成功了一半。

三、沔阳三蒸的馈赠礼仪

在仙桃，一般家庭操办婚丧嫁娶红白喜宴，蒸白圆是必不可少的一道菜，蒸白圆俗称大圆子、大肉坨子。它不仅外表白净圆润，而且滋味鲜香，是楚菜菜谱中推选的"沔阳三蒸"代表菜之一。旧时仙桃"十大碗酒席"中的"蒸白圆"在席上是不吃的，东家在上这菜的同时，会一并送上干净的荷叶或油皮纸等包装用品，让每位客人将三个大圆子打包带回家，给家里的老人和小孩分享。

"蒸白圆"作为礼品带回家，一是让大家都沾上喜气，品尝了东家的蒸白圆，会好运不断，喜事连连；二是承载着仙桃人尊老爱幼的传统美德。同时也通过大圆子的大小判断筵席的档次和规格，东家是否舍得。大圆子的质量则反映厨师技术水平的高低。由此可以看出，大圆子在筵席中占有比较重要的地位。

四、沔阳三蒸的年节蒸菜礼仪

旧时的沙湖沔阳洲，虽然仙桃人会做蒸菜，但因物质匮乏，也很少吃蒸菜，而逢年过节一定要吃蒸菜的，节日到来时，晚辈要向长辈请安；要走亲访友；朋友要礼节性地拜访；当年节文化与年节食俗相遇，就碰撞出餐桌上的火花，沔阳三蒸自然就成了主角。粉蒸鱼、粉蒸肉、粉蒸青菜等是必不可少的节日菜肴，象征年年有余，青青吉吉。扣蒸肉圆、蒸大白圆象征团团圆圆。

其实，沔阳三蒸年节蒸菜的重点就是让家里的老人和孩子吃到丰盛的蒸菜，让年节串门的亲戚、朋友等人都能享受蒸菜款待贵宾的礼遇，没有上甑，没有蒸菜，就感受不到节日的氛围，就体现不到被尊重的感觉。饮食的背后除了礼仪，其实还有更重要的情感。人们把美好的愿望寄托在餐桌上，通过节日的食俗活动让亲情、乡情、同学情、朋友情等情感在一饭一菜中蔓延。

五、沔阳三蒸的待客礼仪

仙桃人热情好客，对人真诚，家里来了贵客，必须上甑蒸菜，邻居闻到热气腾腾的蒸菜香味，都会打个惊诧，“家里来了贵客，还在上甑啦”？简单的话语中不难看出，上甑就是对客人的重视，是一种接待规格，更是一种真情的流露。

婚丧嫁娶的酒席上，沔阳三蒸是重头戏，差不多有一半的菜肴是蒸的。这样的饮食习俗乃仙桃独有。除了粉蒸，还有扣蒸、蒸炖等。如：酥扣鸡块、酥扣鱼块、清炖白莲等应有尽有。

出嫁的女儿回门（回娘家），也要摆上几桌，端上几道热气腾腾的蒸菜，这也是仙桃地区用沔阳三蒸招待客人的一道风景。因为女儿身份发生了变化，由主变客，而且由新姑爷陪同，哪能怠慢，上笼蒸菜招待客人就顺理成章了。

在用蒸菜招待客人时，有的是用小圆笼装着直接上桌，因为小圆笼既是加热器具，又是盛菜的器皿，如遇小圆笼盛装的蒸菜，上桌时必须邀请主宾揭笼盖，以表示对客人的尊重。

安排蒸菜时还要注意色、香、味、形的搭配；要考虑主宾及客人的饮食习俗；讲究上菜顺序，尽量避免尴尬情景的发生。

古人云：夫礼之初，始诸饮食；设宴待嘉宾，无礼不成席。沔阳三蒸在蒸菜过程中产生的礼仪现象，它折射着仙桃地区淳朴的民风，反映了仙桃人民讲礼、守礼的诚实本色，人们懂礼貌，讲礼节，谦虚恭让，尊老爱幼。其中的一些食礼，一脉相承沿袭至今，有些礼仪作为文化遗产被保留下来，成为仙桃饮食文化不可或缺的一部分，值得传承和发扬光大。

第三章

沔阳三蒸 菜肴精粹

第一节
畜禽类原料
蒸制菜肴实例

第二节
水产类原料
蒸制菜肴实例

第三节
蔬菜类原料
蒸制菜肴实例

粉蒸肉

粉香扑鼻，软烂香润

主　　料　猪五花肉600克。

辅　　料　五香熟米粉60克。

调　　料　盐5克，味精4克，白胡椒粉1克，料酒5克，姜米8克，腐乳汁20克，葱花5克。

制作方法

1　将带皮猪五花肉刮毛洗净，切成长6厘米，厚0.3厘米的片；

2　加入料酒、姜米、盐、味精、胡椒粉、腐乳汁调味拌匀后腌渍8分钟；

3　将入味的五花肉拌入五香熟米粉，摆码在蒸笼里旺火蒸35分钟，撒上葱花即可。

制作关键

1　五香熟米粉的制作及配比为：早稻米（仙桃香米，亦称二优培九）5千克洗净沥干，在太阳下晒15分钟，加丁香3克、八角30克、桂皮25克一起放入锅中，以文火焙炒20分钟，待米粒呈微黄时放入盘子摊凉，再把完全摊凉的熟米用碾磨成鱼子大小的粉粒。

2　熟米粉适宜蒸制畜禽类原料，主料与米粉的比例为10：1。

荷叶五香肉

肥而不腻，荷叶清香

主　料　猪五花肉250克。

辅　料　五香熟米粉30克，荷叶2张。

调　料　盐 3克，味精3克，胡椒粉3克，姜米10克，南乳酱20克，料酒20克。

制作方法

1 五花肉切成8厘米长、0.3厘米厚的片，放入盆中加盐、味精、胡椒粉、姜米、料酒、南乳酱腌渍8分钟，拌入五香熟米粉；

2 荷叶切成12厘米长、8厘米宽的长方形，切10张；

3 荷叶用开水烫一下，包上米粉肉成长方形（或圆筒），入笼大火蒸35分钟，取出装盘即可。

制作关键

卷包成形大小要一致。

圆笼蒸牛肉

香味四溢，牛肉软烂

主　料　牛瓦沟肉500克。

辅　料　五香熟米粉50克。

调　料　盐5克，味精4克，料酒20克，豆瓣酱30克，黑胡椒粉2克，香油10克，葱花5克，姜米10克。

制作方法

1 牛肉切成长5厘米，宽3厘米，厚0.5厘米的片；

2 将洗净的牛肉片放入盆中，加姜米、料酒、豆瓣酱、盐、味精、胡椒粉调味拌匀，腌渍8分钟；

3 把腌渍的牛肉加入五香熟米粉拌匀，上笼蒸90分钟取出，淋香油，撒葱花即可。

制作关键

米粉要选择五香熟米粉。

粉蒸蹄花

猪蹄软烂，肥而不腻

主　料　猪蹄600克。
辅　料　五香熟米粉60克。
调　料　盐10克，味精8克，胡椒粉2克，料酒15克，姜米5克，葱花5克，香油5克，老干妈酱30克。

制作方法

1 将猪蹄砍成小块，漂净血污，沥干水分；
2 把猪蹄放入盆中，加盐、味精、料酒、老干妈酱、姜米等调味，拌入五香熟米粉；
3 上笼旺火蒸1小时取出，淋上香油，撒上葱花即可。

制作关键
选择猪前蹄，色白为佳。

粉蒸排骨

酥烂脱骨，鲜香可口

主　　料　猪排骨600克。
辅　　料　五香熟米粉60克。
调　　料　料酒15克，姜米10克，盐5克，味精5克，白胡椒粉8克，葱花5克。

制作方法

1　将排骨砍成5厘米长的段，放入清水中漂洗，沥干；
2　把沥干的直排加盐、味精、胡椒粉等调料拌匀腌渍8分钟，再加入五香熟米粉拌匀，入笼蒸1小时取出装盘，撒上葱花即可。

制作关键
排骨要蒸至脱骨。

粉蒸肥肠

质地软烂，口味咸鲜微辣

主　　料　猪肥肠600克。

辅　　料　五香熟米粉60克。

调　　料　盐10克，味精8克，香醋50克，料酒20克，姜米10克，老干妈酱20克，胡椒粉5克，香油10克，葱花5克。

制作方法

1. 将猪肥肠加醋搓洗去部分油脂；
2. 把洗净的肥肠切成小块，在沸水中飞过，沥干水分；
3. 将肥肠放入盆中，加入盐、味精等调料拌匀，再加入五香熟米粉，上笼蒸1小时取出装盘，淋上醋和香油，撒葱花即成。

制作关键

肥肠要加醋搓洗去掉异味。

圆笼四宝

荤素搭配，香味诱人

主　　料　五花肉150克，鳝鱼片100克，胡萝卜丝100克，包菜丝100克。

辅　　料　五香熟米粉20克，生米粉30克。

调　　料　姜米30克，盐20克，味精10克，白胡椒粉4克，料酒30克，香油10克，腐乳汁8克，陈醋10克，葱花6克，高汤适量。

制作方法

1. 将五花肉切成6厘米长片加入姜米、料酒、盐、味精、腐乳汁、白胡椒粉拌匀腌渍8分钟，拌上五香熟米粉上笼蒸35分钟取出；
2. 将鳝鱼片用盐、味精、胡椒粉、料酒、姜米腌渍5分钟，逐块蘸上生米粉，上笼蒸8分钟；
3. 将胡萝卜丝、包菜丝分别拌上生米粉上笼蒸10分钟取出，加香油，盐、味精、高汤拌匀；
4. 将蒸熟的五花肉、萝卜丝、鳝鱼片、包菜丝依次码到蒸笼内，再蒸8分钟取出，淋香油，鳝鱼淋上陈醋，撒上葱花即可。

制作关键

原料可随季节变化，也可随客人爱好灵活搭配。

粉蒸羊肉

软烂适口，鲜香味浓

主　　料　带皮羊胸肉750克。

辅　　料　五香熟米粉75克。

调　　料　盐8克，味精5克，白胡椒粉3克，料酒15克，香醋10克，生姜10克，干辣椒2克，葱花5克。

制作方法

1 带皮羊胸肉切成3厘米见方的块，漂去血污沥干；

2 将羊肉放入盆中，加盐、味精、白胡椒粉、料酒、生姜、干椒，腌渍入味；

3 将羊肉拌上五香熟米粉，上笼旺火蒸90分钟，取出装盘，淋入香醋，撒上葱花即成。

制作关键

羊肉一定要漂尽血污。

粉蒸鸡块

酥烂脱骨，鲜美可口

主　料　净土鸡750克。

辅　料　五香熟米粉75克。

调　料　盐8克，味精5克，白胡椒粉3克，料酒20克，姜米10克，生抽20克，香油10克，葱花5克。

制作方法

1. 把土鸡砍成3厘米见方的块，洗净沥干；
2. 将鸡块放入盆中，加入盐、味精、胡椒粉、料酒、姜米等腌渍10分钟，再拌入五香熟米粉，码入扣碗中上笼蒸60分钟，取出倒扣盘中，淋上香油，撒上葱花即可。

制作关键

鸡块要腌渍入味，旺火蒸至脱骨。

粉蒸凤爪

软烂脱骨，宜于下酒

主　　料　短鸡爪400克。

辅　　料　大米粉40克。

调　　料　盐8克，味精7克，白胡椒粉4克，料酒15克，姜米8克，葱花5克，香油5克，生抽15克，高汤适量。

制作方法

1　凤爪斩去指尖，漂净血污，沥干水分；

2　凤爪放入盆内，加入盐、味精、白胡椒粉、姜米、料酒拌匀腌渍10分钟，逐一蘸匀米粉，上笼蒸30分钟，取出装盘，淋上用高汤、味精、麻油、生抽调成的汁，撒上葱花即可。

制作关键

凤爪选用肥壮的为好。

沔阳蒸什锦

一笼一味，美观大气

主　　料　五花肉150克，草鱼150克，老南瓜150克，胡萝卜100克，紫包菜100克，蚕豆米100克，茼蒿150克，莲藕200克。

辅　　料　大米粉100克。

调　　料　盐10克，味精10克，白胡椒粉3克，姜米10克，料酒20克，南乳酱20克，猪油30克，生抽5克。

制作方法

1 五花肉切成长片，加南乳酱等调料拌米粉蒸熟，草鱼剞菊花花刀上味，蘸米粉蒸熟，各自码入笼中；
2 南瓜切小块，莲藕切条，胡萝卜、紫包菜切丝，茼蒿切末，蚕豆米等分别调好味，各自拌入米粉蒸熟，加入猪油，再装入小笼中；
3 八个小笼加热成熟后一起上桌即成。

制作关键

掌握好每一个菜的成熟时间。

蒸肉糕

口味咸鲜，质感软嫩

主　料　猪五花肉末600克。

辅　料　马蹄20克，鸡蛋50克。

调　料　盐10克，味精5克，白胡椒粉2克，生姜8克，生粉50克，葱花8克，高汤适量。

制作方法

1　将马蹄切丁，放入五花肉末内，加入姜米、盐、味精、鸡蛋、生粉、白胡椒粉搅拌上劲；

2　将调好味的肉末摊入盘中，上笼蒸15分钟成肉糕取出，放凉后改刀装盘，摆成扇形再入笼蒸5分钟取出；

3　炒锅上火，以高汤调味，用生粉勾芡浇在肉糕上，再撒上葱花即成。

制作关键

搅拌肉馅时一定要朝同一个方向搅拌上劲。

扣蒸肉圆

口味咸鲜，质地爽嫩

主　　料　猪五花肉100克，前夹肉150克，净草鱼肉75克。
辅　　料　马蹄20克，鸡蛋1个，水发黑木耳25克。
调　　料　盐15克，姜米10克，味精5克，胡椒粉4克，生粉30克，料酒20克，葱花10克，油800克（实耗50克），生抽10克，蒜苗20克，高汤适量。

制作方法

1 将五花肉、前夹肉和草鱼肉制蓉，马蹄切丁待用；
2 将鸡蛋、盐、味精、胡椒粉、马蹄丁等加入肉蓉中搅拌，再加入生粉加点水搅拌上劲；
3 锅上火放油烧至五成热，将肉蓉挤成核桃大小的圆子炸至浅黄色捞出；
4 将圆子码入碗中，加姜米、生抽调制好的上汤，入笼大火蒸30分钟取出；
5 用高汤、黑木耳、大蒜苗等调味，勾薄芡淋在肉圆上即可。

制作关键
肉馅要搅拌上劲，炸肉圆时，油温不能过高。

蒸白圆

色泽洁白，咸鲜软弹

主　　料　猪前夹肉200克，肥膘肉150克，草鱼肉100克。
辅　　料　马蹄30克，蛋清50克。
调　　料　盐15克，味精10克，生粉50克，料酒20克，姜末10克，胡椒粉2克。

制作方法

1　把肥膘肉切成小丁，前夹肉和鱼肉剁成蓉；
2　将切好的肥膘肉丁、肉蓉、鱼蓉放入盆中，加盐、味精、马蹄丁、姜末、料酒、胡椒粉、鸡蛋清、生粉搅拌上劲；
3　将调好味的肉馅挤成直径约5厘米的圆子，上笼蒸20分钟，熟后取出装盘即可。

制作关键
肥膘肉要切成丁而不能剁成蓉；搅拌要上劲。

夹干肉

色泽美观，肥而不腻

主　　料　五花肉250克。

辅　　料　香干150克，菜心50克。

调　　料　老抽30克，味精5克，香油5克，胡椒粉5克，姜米5克，饴糖10克，油500克（实耗30克）。

制作方法

1 将猪五花肉烙去毛，刮洗干净；

2 锅中烧水，将五花肉入锅加调味料煮至七成熟，取出晾凉；

3 在肉皮上均匀抹上饴糖、老抽，入六成热油锅炸至色泽红亮时捞起；

4 把五花肉和香干切成6厘米长、0.4厘米厚的片，一片肉夹一片香干，整齐码在盘中，上笼蒸10分钟取出，用炒熟的菜心点缀，淋香油，撒葱花即可。

制作关键

肉片和香干片要一层夹一层，厚薄均匀，此菜也可码入扣碗蒸制。

红扣猪手

软烂鲜香，老少皆宜

主　料　猪手6只。

辅　料　菜心200克。

调　料　盐8克，味精5克，姜5克，蒜瓣20克，生抽15克，料酒15克，葱结10克，干辣椒3克，八角2克，白糖100克，油30克，生粉10克。

制作方法

1 猪手烙毛刮净，剖开漂洗，沥干水分；

2 锅烧热放油下白糖炒成糖色，加清水、盐、姜、葱等调料，然后下猪手煨40分钟，至七成熟取出；

3 猪手去骨改成大块，码入扣碗蒸制30分钟，出笼扣入盘中，原汁勾芡淋上，菜心焯水围边即可。

制作关键

猪手去骨时保持完整。

香干夹肚

香味浓郁，质地软烂

主　　料　猪肚尖400克。

辅　　料　香干100克，菜心200克。

调　　料　盐8克，味精8克，八角2颗，老抽10克，香油5克，胡椒粉5克，干辣椒20克。

制作方法

1 将猪肚刮洗干净；

2 锅中加清水，放入八角、干辣椒等调料，将猪肚煮至九成熟，取出晾凉；

3 把猪肚和香干切成6厘米长、3厘米宽、0.4厘米厚的批刀片，码在扣碗里，上笼蒸熟；

4 取出翻扣盘中，用炒熟的菜心围边，淋香油，撒葱花即可。

制作关键

肚片和香干片要一层夹一层，厚薄均匀。

糯米蒸牛肉

糯香软烂，滋润可口，回味悠长

主　料　牛肉250克。

辅　料　糯米100克。

调　料　盐8克，味精4克，胡椒粉10克，姜米10克，料酒20克，豆瓣酱20克，葱花5克。

制作方法

1 牛肉切成1厘米见方的块，漂去血污，沥干待用；

2 糯米洗净冷水泡6小时；

3 沥干的牛肉放入盆中加入料酒、盐、味精、胡椒粉、姜米调味拌匀，再加入糯米拌匀，上笼蒸90分钟出锅，撒上葱花即可。

制作关键

注意糯米泡制时间，冬天时间长一点，夏天时间短一点。

清蒸牛肉

香味浓郁，咸辣适口

主　　料　牛腱子肉600克。

辅　　料　菜心200克。

调　　料　盐50克，姜片20克，味精6克，八角10克，白蔻8克，香叶3克，桂皮15克，大葱丝10克，干辣椒丝5克，油20克。

制作方法

1　用八角等香料调制成白卤水，煮熟牛腱子；

2　将熟牛腱子肉切成厚片，摆在扣碗中，浇上调味汁水（姜米、生抽、味精），撒干辣椒丝，上笼蒸30分钟取出；

3　将菜心焯水上味；

4　将牛肉扣入汤盘中，用菜心围边，撒上大葱丝、红椒丝，淋上沸油即可。

制作关键

卤牛肉要放凉后改刀装扣碗为宜。

饭蒸腊味

沔阳三腊与米饭、沙木甑香味融合，风味别致

主　　料　腊肉100克，腊鱼200克，腊鸡200克。
辅　　料　大米400克。
调　　料　姜丝20克，干辣椒丝3克。

制作方法

1　腊鱼斩成块漂洗，沥干水分，腊肉漂洗切片，腊鸡洗净切块；
2　大米淘洗干净倒入开水锅中，煮至八成熟沥干米汤；
3　将沥干的米饭倒入小木甑中，入水锅，用竹签插好汽眼，再分别摆上腊肉、腊鱼、腊鸡，放上姜丝、辣椒丝，上旺火蒸30分钟即可。

制作关键
腊料盐分较重，要漂洗。

扣蛋饺

色泽美观，营养丰富

主　　料　土鸡蛋5个，猪前夹肉50克，五花肉50克。

辅　　料　西蓝花250克。

调　　料　盐6克，味精8克，胡椒粉5克，葱花20克，料酒20克，生姜10克，生粉10克，高汤适量。

制作方法

1. 将猪肉剁成蓉加入盐、味精、胡椒粉、姜米、葱花、料酒等调料制成肉馅；
2. 鸡蛋打散加盐，摊成直径为8厘米圆蛋皮，蛋皮边缘抹上湿生粉，包上肉馅制成蛋饺；
3. 西蓝花焯水上味；
4. 将蛋饺码在扣碗里，淋少许高汤，蒸8分钟取出，扣入盘中，围上西蓝花即可。

制作关键

蛋饺皮的边缘要用湿生粉封口。

虎皮蛋糕

蛋香可口，色似虎皮

主　　料　鲜鸡蛋400克。
辅　　料　水发黑木耳30克。
调　　料　盐8克，味精5克，白胡椒粉3克，生抽10克，油20克，葱花10克，高汤适量。

制作方法

1. 将鸡蛋打入碗中，加入切细的黑木耳丝，加入盐、味精、白胡椒粉搅拌均匀；
2. 平锅烧热，放入油，下蛋液，煎至两边呈虎皮色起锅；
3. 把煎好的鸡蛋改成片状，装入扣碗中，淋入上汤，上笼蒸10分钟取出，翻扣盘中；
4. 用黑木耳、高汤打成卤汁浇在蛋糕上即成。

制作关键
煎蛋糕时火力不能过大。

菜心长寿肉

色泽红润，纹路清晰，口感肥而不腻

主　料　带皮猪五花肉1500克。

辅　料　南京白300克，南瓜200克，梅干菜100克。

调　料　老卤水4000克，精盐5克，味精2克，五香豆豉100克，湿淀粉50克，色拉油、葱、姜等适量。

制作方法

1 带皮猪五花肉焯水，卤至断生，油炸上色；
2 将卤好的肉切成菱形，顺着横断面片成螺蛳状，复原为六菱形体；
3 码入碗内呈蜂窝状，梅干菜垫底，淋入五香豆豉汁水；
4 长寿肉入笼大火蒸30分钟，出笼扣入圆盘内，周围摆上炒好的菜心和南瓜玲珑球；
5 锅上火将原汤勾玻璃芡浇在扣肉上即成。

制作关键

上色时要控制油温和油炸时间。

珍珠圆子

软糯鲜嫩，米粒竖起似珍珠

主　料　猪五花肉末200克，草鱼净肉100克。
辅　料　糯米200克，马蹄丁20克。
调　料　盐10克，味精10克，白胡椒粉3克，鸡蛋1个，淀粉30克，葱花8克，姜米10克。

制作方法

1 糯米浸泡6小时；
2 将鱼肉剁成蓉，和五花肉末一起放入盆中，加入盐、味精、白胡椒粉、鸡蛋、姜米、淀粉、葱花搅拌上劲，再加马蹄丁拌匀；
3 泡好的糯米沥干摊入盘中，把肉蓉挤成圆子由高向低滚上糯米；
4 将滚上糯米的圆子摆在笼中蒸10分钟取出装盘即可。

制作关键
米粒要竖起，肉圆滚上糯米后不宜在手上搓。

肉末炖水蛋

鲜香滑嫩，老少皆宜

主　　料　土鸡蛋5个。
辅　　料　瘦肉末30克。
调　　料　盐10克，味精4克，香油10克，葱花3克。

制作方法

1　将土鸡蛋打入盆中，加盐、味精、温水调味，搅拌均匀；
2　肉末放入蛋液中打散，上笼蒸8分钟取出，淋香油，撒葱花即可。

制作关键
宜用小火蒸制。

清炖全鸡

味道鲜美，汤汁清澈

主　料　老母鸡1只。
辅　料　嫩笋尖50克，枸杞5克，水发香菇50克。
调　料　盐15克，味精10克，白胡椒粉8克，料酒20克，高汤1000克，姜片10克，葱节30克。

制作方法

1 母鸡宰杀去毛，掏净内脏洗干净，入锅飞水；
2 嫩笋尖改刀飞水，与母鸡、枸杞、香菇放入容器中；
3 将锅中高汤烧开，加盐、味精、姜片、料酒、胡椒粉调味，倒入装母鸡的容器里，用保鲜膜封好，上笼蒸2小时，取出即可。

制作关键
掌握好火候，炖至鸡肉脱骨即可。

清扣鸡块

口味咸鲜，鸡肉软烂

主　　料　当年净土鸡600克。

辅　　料　水发黑木耳20克，菜心100克。

调　　料　盐10克，味精10克，料酒30克，姜片10克，香油5克，生粉10克，葱花5克。

制作方法

1. 将整鸡飞水，加盐等调料白煮至九成熟；
2. 将鸡取出剁成块，码入扣碗中上笼蒸15分钟，取出翻扣盘中，菜心炒好围边；
3. 用鸡汤加黑木耳勾薄芡，加香油淋入鸡上，撒上葱花即可。

制作关键

选当年土鸡为宜。

酥扣鸡块

质地酥烂，口味咸鲜

主　　料　本地净草鸡600克。

辅　　料　生粉20克，鸡蛋1个。

调　　料　盐8克，味精5克，胡椒粉3克，料酒30克，姜米10克，油1000克（实耗100克），葱花5克。

制作方法

1 将鸡剁成3厘米见方的块，洗净沥干；

2 鸡块倒入盆中，加入盐、味精、胡椒粉、料酒等拌匀腌渍5分钟；

3 鸡蛋、生粉调制成全蛋糊与鸡块拌匀；

4 锅中烧油至七成热，投入鸡块略炸，沥油，码入扣碗里，加上汤、姜米，上笼蒸制60分钟取出，扣入盘中；

5 锅中烧汤调味，勾薄芡淋入鸡块上，撒上葱花即可。

制作关键

鸡块要蒸得酥烂脱骨。

天鹅抱蛋

滋补营养，老少皆宜

主　　料　净土鸭1只。

辅　　料　党参20克，当归10克，鹌鹑蛋50克，水发香菇20克。

调　　料　盐20克，姜片10克，料酒30克，鸡精15克，白胡椒粉10克。

制作方法

1　鹌鹑蛋煮熟后剥壳待用；
2　土鸭洗净后在开水锅中飞水，放入汤钵内，加入姜片、当归、党参、鹌鹑蛋；
3　锅上火，加入上汤，用盐、味精、鸡精、白胡椒粉等调味，倒入装鸭的钵内，上笼炖3小时即可。

制作关键

土鸭一定要冲洗净血污。

扣蒸鸳鸯蛋

色泽美观，营养丰富

主　料　鸡蛋6个。

辅　料　肉馅150克，菜心150克，水发黑木耳15克。

调　料　精盐6克，味精4克，干生粉20克，油1000克（实耗50克），鲜汤、葱、姜适量。

制作方法

1 把鸡蛋煮熟，去壳，冷却后一分为二切开；
2 在鸡蛋的截面抹上干生粉；
3 将肉馅调味后抹在鸡蛋的另一边，如蛋形；
4 将肉蛋入六成油锅略炸定型，沥油，码在扣碗内，用盐、味精等调成味水淋入碗内，上笼蒸15分钟，取出扣入盘中，用炒好的菜心围边；
5 锅中倒入汤汁，加黑木耳等，调味勾薄芡淋在鸳鸯蛋上即可。

制作关键

鸡蛋剖面抹上生粉增加黏性。

清炖乳鸽汤

汤清味鲜，具有滋补功效

主　　料　乳鸽2只。

辅　　料　猪瘦肉50克，红枣20克。

调　　料　枸杞8克，党参8克，盐5克，味精2克，白胡椒粉1克，姜片10克，料酒10克，葱条30克，葱花5克，高汤适量。

制作方法

1 将乳鸽宰杀，去内脏、爪尖，清洗沥干，焯水，瘦肉切丁焯水；

2 将焯水的乳鸽、肉丁放入炖盆中，加入枸杞、党参、红枣、姜片、葱条；

3 锅上火烧高汤，加料酒、盐、味精、白胡椒粉，调好口味，倒入乳鸽的炖盆中，加盖上笼旺火蒸90分钟取出，去掉姜片、葱条，撒葱花即可。

制作关键

乳鸽要焯水去掉血污。

圆笼糯香骨

糯香味浓，质地软烂

主　料　猪直排500克。

辅　料　糯米150克。

调　料　盐8克，味精5克，鸡精10克，老抽15克，海鲜酱20克，柱候酱10克，排骨酱10克，蚝油20克。

制作方法

1. 糯米浸泡6小时，沥干水分待用；
2. 猪直排砍成5厘米长的段，以清水漂洗，沥干水分；
3. 排骨用盐、味精等调料拌匀，逐块沾上泡好的糯米，上笼蒸60分钟取出装盘即可。

制作关键

糯米要提前浸泡。

龙眼肉

色泽红润，纹路清晰，口感肥而不腻，形似龙眼

主　　料　猪五花肉1200克。

辅　　料　水发白莲150克，菜心300克，梅干菜150克，胡萝卜500克。

调　　料　红曲米500克，精盐10克，味精2克，五香豆豉100克，湿淀粉50克，色拉油、葱、姜等适量。

制作方法

1 带皮猪五花肉刮去污秽后焯水，然后在红曲米等调料调制的卤汁中煮制入味上色；

2 将上色的五花肉冷却后压制平整，放入冰箱冷冻后加工成薄片；

3 水发白莲切去五分之二后卷入五花肉片内。整齐码入扣碗中，五花肉下脚料、梅干菜、五香豆豉垫入碗中，与碗口齐平；

4 龙眼肉扣碗入笼大火蒸30分钟，出笼扣入圆盘内，周围摆上已焯水的菜心、胡萝卜雕刻的玲珑球；

5 锅上火将原汤勾玻璃芡浇在扣肉上即成。

制作关键

上色时要控制好火候；装扣碗要摆好形状。

扣蒸蛋卷

颜色鲜艳，口味咸鲜

主　　料　土鸡蛋8个，猪前夹肉300克。

辅　　料　菜心150克。

调　　料　盐15克，味精10克，白胡椒粉5克，姜米10克，料酒15克，湿生粉30克，高汤适量。

制作方法

1. 鸡蛋打入碗中，加盐、湿生粉打散后在锅中摊成蛋皮；
2. 将猪肉剁成蓉，加盐、姜米、味精、白胡椒粉、料酒制成馅；
3. 将蛋皮卷上肉馅，用湿生粉封口成蛋卷，入笼蒸5分钟取出；
4. 蛋卷冷却后，斜刀改切厚片，码在扣碗里，入笼蒸6分钟取出，扣入盘中，菜心炒好围边，用高汤勾薄芡淋上即可。

制作关键

蛋卷要卷紧，冷却后切片便于成形。

粉蒸鲶鱼

鱼肉鲜嫩，口味酸咸

主　料　野生鲶鱼600克。

辅　料　蒸菜米粉50克。

调　料　盐4克，味精2克，香油15克，生抽10克，陈醋15克，胡椒粉2克，姜米5克，葱花5克，蒜蓉8克。

制作方法

1 鲶鱼宰杀去内脏，剞一字形花刀，洗净沥干；
2 将鲶鱼放入容器中加盐、味精、料酒、姜米、胡椒粉拌匀入味，蘸上米粉平放盘中，入笼旺火蒸8分钟取出；
3 炒锅上火，加入汤、盐、生抽、味精、胡椒粉、陈醋、蒜蓉烧沸后浇在鲶鱼上，淋香油、撒葱花即成。

制作关键

蒸鱼的米粉的颗粒要比蒸肉的米粉细。

粉蒸鲫鱼

鱼肉鲜嫩，口味咸酸

主　料　鲜活鲫鱼500克。

辅　料　大米粉50克。

调　料　盐4克，料酒10克，姜米5克，味精2克，白胡椒粉1克，陈醋10克，香油5克，油10克，生抽5克，蒜蓉3克，葱花5克。

制作方法

1　将鲫鱼宰杀洗净沥干；
2　将鲫鱼加盐、料酒、姜米、味精、胡椒粉腌渍3分钟；
3　将腌好的鲫鱼两面蘸匀米粉，摆放盘中上笼旺火蒸10分钟出笼；
4　将生抽、醋、生姜、香油、蒜蓉、胡椒粉、香油调汁后淋在鱼上，撒葱花即成。

制作关键

小鲫鱼不宜粉蒸。

粉蒸鳊鱼

口味咸鲜，鱼肉细嫩

主　　料　鳊鱼600克。

辅　　料　大米粉60克。

调　　料　盐3克，味精2克，白胡椒粉1克，料酒15克，姜米5克，蒜蓉3克，生抽10克，香醋10克，香油8克，葱花3克。

制作方法

1. 将鳊鱼宰杀后洗净；
2. 鳊鱼加盐、味精、白胡椒粉、料酒、姜米腌渍8分钟；
3. 将鳊鱼两面蘸上大米粉，入笼旺火蒸10分钟取出；
4. 用蒜蓉、生抽、香醋、香油、葱花兑成味汁浇在鳊鱼上即可。

制作关键

鳊鱼蒸至鱼眼突出即可。

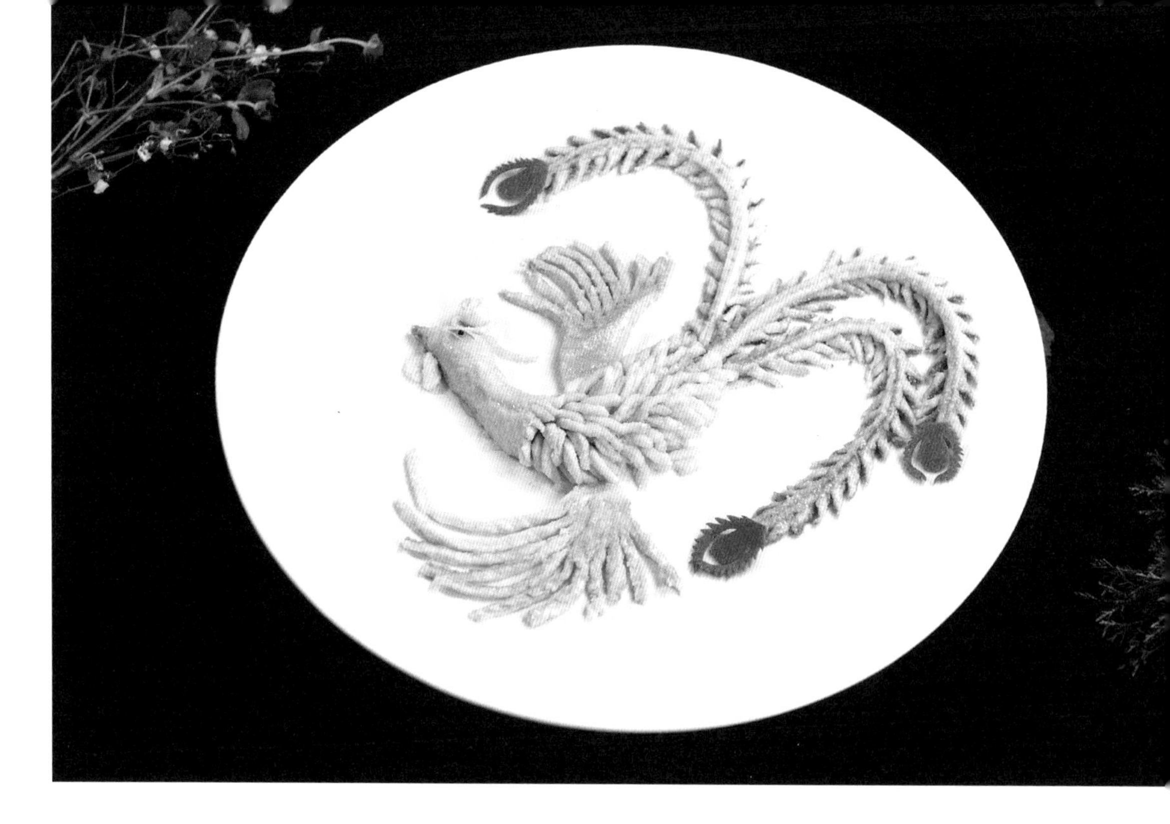

粉蒸凤凰鱼

鱼肉鲜嫩，形象逼真

主　　料　草鱼1500克。

辅　　料　大米粉120克，火腿75克，水发香菇75克。

调　　料　盐8克，味精6克，料酒15克，姜米10克，胡椒粉1克，香油10克，醋20克，生抽10克，葱花3克，高汤适量。

制作方法

1. 草鱼宰杀，去掉鱼头，鱼身去掉脊骨，鱼尾留住，切下鱼腹，洗净沥干；
2. 把带皮连尾的鱼肉剞十字花刀（作凤尾），中段一块先斜刀，后直刀为十字花刀（作凤身和凤头），鱼腹两块切锯齿形（作凤翅），香菇、火腿切半圆形；
3. 把各部位凤凰坯鱼块放入容器中加料酒、盐、味精、胡椒粉腌渍3分钟待用；
4. 取大圆盘一只，将腌渍过的鱼逐一蘸匀米粉，按部位摆放在盘中，呈一只凤凰形，再将火腿、香菇片摆在凤尾刀口间隙中，上笼蒸10分钟取出；
5. 高汤、生抽、醋、味精、香油、姜米、胡椒粉调成汁加热，上桌淋在鱼上，撒葱花即成。

制作关键

米粉要细，蒸制时间不宜过长。

粉蒸菊花鱼

鱼肉细嫩，形似菊花

主　　料　才鱼750克。

辅　　料　大米粉100克。

调　　料　盐5克，味精2克，白胡椒粉1克，姜米10克，料酒20克，生抽10克，醋10克，葱花5克，香油10克，高汤适量。

制作方法

1. 将才鱼宰杀，取两扇带皮鱼肉，剔去腹刺，清洗沥干（才鱼头尾另作它用）；
2. 用纱布擦干鱼身上黏液，平放在砧板上，从尾部用刀斜片4刀（每片厚度0.2毫米、深度4/5至皮）切断，依次片完之后，再用直刀切成丝状；
3. 将切好花刀的才鱼放入容器中，加料酒、盐、味精、姜汁、白胡椒粉拌匀腌渍2分钟，逐块蘸上大米粉抖散开，像一朵朵白色菊花，摆在盘中，上笼旺火蒸6分钟取出；
4. 高汤、盐、味精、生抽、醋、香油、葱等调成汁加热，连同菊花鱼一起上桌即成。

制作关键

剞花刀时，不能伤皮。

粉蒸松鼠鳜鱼

象形逼真，色泽洁白，鱼肉鲜嫩

主　　料　鲜活鳜鱼750克。

辅　　料　大米粉100克。

调　　料　盐5克，生抽10克，味精2克，姜米10克，料酒20克，胡椒粉2克，醋10克，葱花3克，香油10克，高汤适量。

制作方法

1 鳜鱼宰杀去内脏，取下鱼身上的三叉骨，去除鱼脊骨，取两边鱼肉，洗净沥干；

2 在鳜鱼两面鱼肉上剞十字花刀，放入容器，加盐、味精、料酒腌渍；

3 取鱼盘一只，将腌渍好的鱼肉蘸匀米粉，摆入盘中呈松鼠躯干，再将三叉骨上味，蘸上米粉后做成松鼠头，摆放在躯干前，成为完整松鼠状，上笼蒸8分钟取出；

4 用高汤、生抽、醋、味精、香油、姜米、胡椒粉调成味汁淋在鱼身上即可。

制作关键

鱼肉上米粉要均匀。

粉蒸虾仁

形状美观，口感脆嫩

主　　料　河虾虾仁350克。

辅　　料　大米粉35克。

调　　料　盐3克，味精2克，白胡椒粉1克，料酒15克，姜米5克，蒸鱼汁20克，蒜蓉3克，香油8克。

制作方法

1 将虾仁洗净，用毛巾吸干水分，用盐、味精、白胡椒粉、料酒、姜米腌8分钟；

2 将腌好的虾仁蘸上大米粉，入笼旺火蒸5分钟取出装盘；

3 将蒸鱼汁、蒜蓉、香油调汁跟虾仁一同上桌。

制作关键

注意火候，蒸制时间不宜过长，否则虾仁质老。

粉蒸青蛙鱼

形状美观，鱼肉鲜嫩

主　料　小鳜鱼6条（75克/条）。

辅　料　大米粉50克，黑米20克，胡萝卜10克。

调　料　盐5克，味精2克，白胡椒粉1克，料酒15克，生抽20克，姜米5克，蒜蓉3克，香醋30克，香油8克，葱花3克。

制作方法

1 将小鳜鱼宰杀，去内脏、鱼骨，洗净沥干，剞十字花刀；

2 把剞好花刀的小鳜鱼加盐、味精、料酒、姜米等腌渍5分钟，再蘸上大米粉摆成青蛙形状，上笼旺火蒸10分钟取出；

3 将黑米烫熟做成小蝌蚪形状，用法国拉丝糖做装饰；

4 用生抽、蒜蓉、香醋、香油、葱花兑成味汁上桌蘸食。

制作关键

鳜鱼一条75克为宜。

炕蒸鳝鱼

外焦内软，富有回味

主　　料　中条鳝鱼650克。

辅　　料　大米粉50克。

调　　料　盐5克，味精5克，胡椒粉1克，姜米10克，料酒10克，蒜蓉3克，生抽10克，醋10克，青、红辣椒粒15克，洋葱粒10克，葱花5克，色拉油50克，辣椒油15克。

制作方法

1 将鳝鱼去内脏，剔去骨刺，清洗沥干；
2 调制味汁：生抽、醋、蒜蓉、辣椒油混合调匀；
3 鳝鱼斩成6厘米长的段，放入容器中，加料酒、盐、味精、胡椒粉、姜米拌匀腌渍5分钟，逐块蘸上米粉摆笼中，旺火蒸10分钟取出；
4 锅上火放油，将蒸熟的鳝鱼摆在锅中，煎至两面金黄，撒上青、红辣椒粒和洋葱粒爆香，再烹入调好的味汁，出锅装盘撒葱花即可。

制作关键

鳝鱼要小火煎至金黄。

绣球鱼圆

鱼肉鲜嫩，质地软嫩，形似绣球

主　料　净鱼肉300 克。

配　料　干贝100克，水发黑木耳30克，火腿30克，冬笋30克，鸡蛋1个，淀粉适量。

调　料　盐6克，味精3克，料酒8克，香葱10克，姜10 克，色拉油适量。

制作方法

1　将干贝去筋，用水洗净，放入凉水中浸泡1 小时；
2　泡开后，洗去细沙，放在碗内，加入清汤（以没过干贝为度）用旺火蒸30 分钟取出，晾凉后，将干贝丝搓散；
3　火腿、冬笋、黑木耳洗净切细丝，用沸水氽透，三丝与干贝丝拌匀；
4　将鱼肉剁成细泥，加入鸡蛋清、精盐、葱姜汁搅拌上劲成蓉；
5　将调好的鱼蓉用手搓成丸子，放在拌好的干贝丝上滚沾均匀，呈绣球状；
6　将绣球干贝在中火上蒸6 分钟左右取出，滗净汤汁；
7　锅置火上加入汤汁、精盐、料酒，用湿淀粉勾芡，淋少许明油，浇在绣球鱼圆上即可。

制作关键

掌握好鱼蓉调制的干稀度，蒸制时用中火为宜。

粉蒸腊鱼

腊味浓郁，风味突出

主　　料　腊鱼600克。

辅　　料　大米粉60克。

调　　料　味精2克，胡椒粉1克，姜米10克，料酒10克，生抽10克，醋10克，蒜蓉10克，葱花5克，香油5克。

制作方法

1 将未出卤的腊鱼砍成长5厘米、宽3厘米的块，漂洗沥干；

2 用高汤、生抽、醋、蒜蓉、香油调制味汁；

3 漂洗好的腊鱼块放入盆中，加姜米、味精、胡椒粉、料酒拌匀，蘸上米粉上笼旺火蒸10分钟取出，装盘，撒葱花，跟调味汁上桌即可。

制作关键

要选用未出卤的腊鱼。

粉蒸才鱼

咸鲜微酸，质嫩味美

主　　料　才鱼750克。

辅　　料　大米粉75克。

调　　料　盐3克，味精2克，白胡椒粉1克，料酒15克，姜米3克，生抽30克，香醋30克，香油8克，蒜蓉5克，葱花3克，高汤适量。

制作方法

1　将才鱼宰杀，砍成块洗净沥干，加盐、姜米、味精、料酒等码味3分钟；
2　将鱼块蘸上大米粉，上笼旺火蒸5分钟取出，装盘；
3　用姜米、生抽、香醋、蒜蓉、香油、高汤兑成味汁淋入盘中，撒上葱花即可。

制作关键

火候宜用旺火速蒸。

粉蒸鲭鱼

鱼肉细腻鲜嫩，口味咸鲜微酸

主　　料　鲜活鲭鱼1条（约800克）。

辅　　料　大米粉80克。

调　　料　盐5克，味精2克，白胡椒粉1克，生抽20克，醋20克，姜米3克，葱花2克，料酒10克，香油10克，高汤适量。

制作方法

1 鲭鱼宰杀，头尾留用，中间砍成6厘米长、3厘米宽的块洗净沥干；

2 将鱼头、鱼尾、鱼块放入钵内，加料酒、姜米、盐、味精、胡椒粉腌渍5分钟后，逐块蘸匀米粉，入笼旺火蒸10分钟取出；

3 将鱼头、鱼尾、鱼块按整鱼形摆入盘中；

4 炒锅置火上，加高汤、生抽、醋、味精、精盐、姜米调汁浇在鱼块上，淋香油、撒葱花即成。

制作关键

上粉宜用蘸的方法；旺火沸水速蒸10分钟，时间不能过长。

粉蒸甲鱼

口感软烂，咸酸微辣

主　　料　野生甲鱼1只（约1000克）。

辅　　料　大米粉100克。

调　　料　盐8克，味精2克，料酒15克，姜米10克，胡椒粉1克，蒜蓉10克，生抽20克，陈醋20克，葱花10克，香油5克，野山椒10克，高汤适量。

制作方法

1　将甲鱼宰杀放血，用热水速烫3分钟，刮净黑膜，去内脏、头，取裙边去壳，去黄油，斩成3厘米见方的块洗净，入沸水锅中焯水取出；

2　将甲鱼块放入容器中，加生抽、姜米、料酒、盐、味精、胡椒粉、野山椒码味，加入米粉拌匀，上笼旺火蒸30分钟取出；

3　炒锅置火上，放入高汤、生抽、陈醋、味精、蒜蓉、胡椒粉、香油烧沸后浇在甲鱼上，撒葱花即成。

制作关键

甲鱼要去掉黑膜、黄油。

粉蒸田鸡

肉质细嫩，咸香微辣

主　　料　本地田鸡750克。
辅　　料　大米粉40克。
调　　料　盐5克，味精3克，白胡椒粉1克，姜米10克，料酒10克，生抽10克，醋10克，葱花5克，香油5克，小米椒粒15克。

制作方法

1 田鸡宰杀去皮、内脏，清洗沥干；
2 用高汤、生抽、醋、蒜蓉、香油、小米椒粒调制味汁；
3 将田鸡放入容器中，加料酒、盐、味精、姜米、白胡椒粉拌匀，腌渍10分钟；
4 将田鸡腿盘起，蘸米粉入笼旺火蒸12分钟取出装盘，撒葱花，跟调味汁上桌即可。

制作关键

田鸡要用蘸米粉的方法。

粉蒸鳝鱼

鳝鱼软嫩，咸鲜可口

主　　料　野鳝鱼500克（150克/条）。

辅　　料　大米粉50克。

调　　料　盐5克，味精2克，胡椒粉1克，生抽20克，香醋20克，蒜蓉20克，姜米5克，葱花3克，料酒10克，香油20克，高汤适量。

制作方法

1 将鳝鱼宰杀去内脏洗净沥干，改刀成6厘米长的菱形片；

2 把鳝鱼片放入钵内，加姜米、料酒、盐、味精、胡椒粉码味，再将鳝鱼逐片蘸匀米粉，入笼旺火蒸8分钟；

3 炒锅置火上烧热，加入高汤、姜米、蒜蓉、生抽、醋、胡椒粉，烧开后浇在鳝鱼上，淋香油、撒葱花即成。

制作关键

上米粉时要用蘸的方法。

鲭鱼甩水

鱼肉鲜嫩，形象美观

主　　料　鲭鱼尾500克。

辅　　料　大米粉75克。

调　　料　盐5克，味精3克，姜米5克，料酒10克，胡椒粉1克，香油5克，生抽10克，香醋10克，蒜蓉10克，葱花3克，高汤适量。

制作方法

1　鲭鱼尾改刀成15厘米长、2厘米宽的条，洗净沥干，加盐、味精、生姜、料酒、胡椒粉拌匀，腌渍3分钟；

2　将腌渍好的鱼尾蘸匀米粉，摆放笼内旺火蒸8分钟取出，呈扇形摆放鱼盘中；

3　锅上火，加入高汤、姜米、蒜蓉、盐、味精、生抽、香醋、胡椒粉烧热后淋在蒸好的鱼上，淋香油、撒葱花即成。

制作关键

上米粉宜用蘸的方法。

粉蒸鳅鱼

原汁原味，鲜嫩可口

主　料　活泥鳅10条（约重600克）。

辅　料　大米粉60克。

调　料　盐4克，味精2克，生抽15克，香醋15克，胡椒粉1克，姜米10克，蒜蓉10克，香油5克，葱花5克。

制作方法

1. 鳅鱼放入清水中喂养2日，使其吐出泥沙，宰杀取出内脏，洗净沥干；
2. 将鳅鱼放入容器内，加料酒、姜米、盐、味精、胡椒粉码味腌渍3分钟，逐条蘸匀米粉；
3. 取一小竹笼放入鳅鱼，旺火蒸12分钟取出，摆入盘中，淋入兑汁（生抽、醋、味精、蒜蓉、胡椒粉调成汁），淋香油、撒葱花即成。

制作关键

鳅鱼洗净后要沥干水分。

粉蒸河蚌

蚌肉鲜美，软烂

主　　料　河蚌肉1000克。

辅　　料　大米粉40克。

调　　料　盐8克，味精5克，白胡椒粉3克，料酒10克，葱花5克，姜米10克，香油5克。

制作方法

1　河蚌肉洗净、焯水，漂冷，沥干水分，去肠改成条；

2　河蚌肉条加盐、味精、白胡椒粉、姜米、料酒腌渍10分钟，蘸上米粉摆在小笼中，上火蒸120分钟取出，撒上葱花、淋上香油即可。

制作关键

蚌肉的沙肠要清理干净。

三蒸新韵

一菜多料，造型美观

主　　料　猪带皮五花肉250克，才鱼1000克，南瓜150克，茼蒿150克。

辅　　料　桑叶10片，鱼子酱10克，五香米粉30克，大米粉250克，红、绿车厘子各1颗。

调　　料　盐15克，味精10克，胡椒粉2，料酒20克，姜米10克，红曲米20克。

制作方法

1. 将五花肉用红曲米煮上色，冷却切成片，用调料码味拌五香米粉，上笼蒸熟；
2. 才鱼宰杀取肉洗净沥干，斜批连四刀片，再直刀剞十字花刀，用调味料码味，再蘸上米粉呈菊花状，鱼子酱点缀花心，上笼蒸6分钟；
3. 南瓜去皮切成丁，茼蒿切碎，分别拌入米粉，上笼旺火蒸熟后调好味；
4. 将南瓜、茼蒿摆太极形在盘中间，圆周摆上蒸肉，外层用桑叶垫底放上菊花才鱼即可。

制作关键

肉片大小厚薄一致，鱼丝粗细均匀。

清蒸白鳝

鱼肥质嫩，口味咸鲜，营养丰富

主　　料　白鳝1条（750克）。

辅　　料　熟火腿30克，水发香菇30克。

调　　料　精盐6克，味精3克，料酒15克，白胡椒粉1克，小葱10克，生姜20克，色拉油30克，湿生粉20克。

制作方法

1 白鳝宰杀后去内脏，放入开水中烫一下，用稻草搓去鱼身上的黏液洗净；

2 将白鳝切成0.3厘米厚的连刀片，加盐、味精、料酒一起拌匀调味，在圆盘中摆成蟠龙状，再放入姜片、火腿片、香菇片、葱结，入笼旺火蒸10分钟，去掉葱姜；

3 锅上火，把蒸白鳝的原汁倒入锅中调味，勾薄芡淋在鱼身上，撒白胡椒粉即可。

制作关键

白鳝一定要洗净表皮黏液。

清蒸鳜鱼

肉质细腻，肥嫩鲜美

主　　料　鳜鱼650克。

辅　　料　熟火腿30克。

调　　料　盐3克，味精3克，胡椒粉1克，料酒15克，生抽30克，陈醋20克，姜片15克，油100克，葱白10克。

制作方法

1 将鳜鱼宰杀洗净，火腿、葱白切丝待用；
2 鳜鱼放容器内，加盐、料酒、姜片、味精腌渍3分钟；
3 将腌渍的鳜鱼摆入鱼盘，撒上火腿丝，入笼旺火蒸10分钟取出；
4 将葱丝撒在鱼身上，淋上沸油，浇入用生抽、陈醋等调味品制成的调味汁即可。

制作关键

选料要新鲜，蒸制时火候要恰当。

三丝鳜鱼卷

质感鲜嫩，爽滑适口

主　料　活鳜鱼1条（1500克）。

辅　料　熟火腿50克，冬笋30克，香菇30克。

调　料　盐6克，味精5克，白胡椒粉2克，料酒10克，猪油20克，姜汁10克，生粉30克，鸡蛋清20克，高汤适量。

制作方法

1 鳜鱼宰杀取下头尾，中间去骨、刺、皮，留净鱼肉洗净沥干；
2 将鱼肉切成6厘米长、5厘米宽长方块，再片成薄片，用盐、味精、生粉、蛋清腌渍上浆，鱼头尾加盐、味精等腌渍；
3 火腿、香菇、冬笋切丝；
4 用鱼片将火腿丝、香菇丝、冬笋丝卷成圆筒形鱼卷，再将鱼卷整齐摆在鱼盘中间，两头摆上头尾，上笼旺火蒸10分钟取出；
5 炒锅上火，加高汤、盐等调味料调好口味，用生粉勾薄芡浇在鱼卷和头尾上即成。

制作关键

鱼肉要漂净血水。

百花鱼盒

鱼肉软嫩，晶莹明亮，味鲜香浓，形态美观

主　　料　鳜鱼肉400克。

辅　　料　火腿50克，水发香菇30克，冬笋30克，虾仁50克，鱼蓉100克，西蓝花100克，玲珑球（胡萝卜雕成）。

调　　料　盐4克，味精2克，料酒10克，姜汁10克，白胡椒粉1克，香油5克，生粉30克，鸡蛋清1个，葱5克，猪油50克。

制作方法

1. 鳜鱼肉切成6厘米长、4厘米宽、0.2厘米厚长方片，切24片，火腿、香菇、冬笋分别切细丝，虾仁剁成泥；
2. 将切好的鱼片放入容器中，加盐、料酒、味精、姜汁等腌渍入味，加鸡蛋清、生粉上浆，虾仁、香菇、冬笋、火腿调味制成馅；
3. 把上浆的鱼片摆放在砧板上，将馅料放在中间，上面盖一层鱼片成为盒形，然后将鱼蓉均匀抹在上面一层的鱼片上，点缀花卉呈百花图状；
4. 取一盘子，用猪油抹匀，把制好的百花鱼盒摆在盘中，入笼中蒸8分钟取出，再用西蓝花和玲珑球装饰；
5. 炒锅上火，加入高汤、味精、盐、姜汁、白胡椒粉，烧沸后，用生粉勾芡汁，淋明油，浇在鱼盒上即成。

制作关键

鱼盒宜用中小火蒸制。

清蒸除骨甲鱼

形状美观，软烂鲜香

主　　料　野生甲鱼1000克。

辅　　料　菜心12颗，鱼蓉100克，水发香菇5克。

调　　料　盐10克，味精5克，白胡椒粉1克，料酒15克，生姜5克，整葱10克，香油5克。

制作方法

1　将野生甲鱼宰杀，去内脏，烫去黑膜，取下裙边；

2　锅中放水，加盐、姜片、料酒，甲鱼煮至能出骨，剁成4厘米见方的块；

3　锅烧热放油，下甲鱼块、姜片、料酒、味精、胡椒粉干炒入味，码入扣碗（裙边垫底），放入葱姜，上笼蒸15分钟，取出扣入盘中；

4　制熟的菜心围边，蒸熟的香菇盖在甲鱼上，再把汤汁倒在锅中，勾薄芡淋在甲鱼上即可。

制作关键

烫甲鱼的时间不宜太长，烫老了黑衣去不掉。

蒜香鳝鱼

蒜香浓郁，口感滑嫩

主　　料　鳝鱼500克。

辅　　料　蒜瓣200克。

调　　料　盐10克，味精5克，胡椒粉5克，料酒20克，姜米10克，生粉30克，醋20克，葱段10克，油750克（实耗50克），高汤适量。

制作方法

1. 鳝鱼宰杀，切条，洗净沥干，加盐、味精、胡椒粉、姜米、料酒、生粉挂薄糊；
2. 锅上火烧油，至七成热，将鳝鱼条下锅炸1分钟左右，表面微黄时捞出，沥油，蒜瓣炸香至金黄色；
3. 炸好的鳝鱼条码入扣碗中，加高汤、味精、盐、姜米，上面放炸好的蒜瓣，上笼用旺火蒸10分钟，出笼扣入砂钵；
4. 锅上火烧热，放少许油、葱蒜爆香，加高汤、盐、味精、醋，用湿生粉勾芡，起锅淋在鳝鱼上即可。

制作关键

鳝鱼选中条的为宜。

清炖鳝鱼

肉质软嫩，咸鲜微酸

主　　料　野生鳝鱼600克。

辅　　料　菜心100克，鸡蛋1个。

调　　料　盐6克，味精4克，胡椒粉2克，料酒20克，生粉50克，油1000克（耗100克），生抽20克，陈醋20克，蒜蓉10克，姜米6克，香葱5克。

制作方法

1 鳝鱼宰杀，去内脏、骨、头尾，洗净沥干，切成6厘米长的段，加入盐、味精、胡椒粉、料酒、姜米码味5分钟；

2 码味后的鳝鱼加生粉、鸡蛋拌匀，入油锅中炸成浅黄色捞出沥油，码在扣碗内，加姜米、生抽、味水，上笼蒸12分钟取出扣入盘中，用炒熟的菜心围边；

3 炒锅上火，倒入鳝鱼原汁、味精、盐、姜米、胡椒粉、陈醋烧沸后，用生粉勾芡，淋鳝鱼上，撒葱花即成。

制作关键

鳝鱼上糊宜薄不宜厚。

清蒸小龙虾

肉质鲜嫩，色泽红亮

主　　料　本地小龙虾1000克。
调　　料　姜片30克，整葱20克，料酒20克，豉油皇50克，香菜5克。

制作方法

1　小龙虾清水喂养两天，剪去须刷洗干净，沥干，摆入盘中，淋料酒，姜片、小葱铺在龙虾上，上笼大火蒸10分钟取出；
2　蒸好的龙虾拣出姜葱，放上香菜，跟豉油皇上桌即可。

制作关键
蒸制时间不能过长。

清蒸大闸蟹

蟹肉肥美鲜甜，营养丰富

主　　料　大闸蟹10只（150克/只）。

调　　料　生姜片15克，生姜丝15克，小葱20克，料酒10克，香醋30克。

制作方法

1 蟹刷洗干净用绳子缠好脚爪；
2 将蟹放入盘中，淋料酒，放生姜片、小葱，上笼大火蒸12分钟取出；
3 剪掉绳子，拣出姜葱，跟味碟（生姜丝、香醋）上桌即可。

制作关键

控制蒸制的时间。

干蒸腊鱼

腊味香浓

主　　料　腊鱼块500克。
辅　　料　阳江豆豉20克、干辣椒丝10克。
调　　料　料酒5克，姜片5克，葱花3克，香油3克。

制作方法

1　腊鱼块用清水漂洗浸泡2小时，沥干；
2　将腊鱼块码在竹笼中，撒上阳江豆豉、干椒丝、料酒、姜片上笼，大火蒸15分钟取出，拣出姜片，撒葱花、淋香油即可。

制作关键
干腊鱼浸泡时间根据鱼的咸度和干湿度来掌握。

鮰鱼卷切

鱼肉鲜嫩爽滑，形状美观

主　　料　鮰鱼1条（1000克）。

辅　　料　鸡蛋8个。

调　　料　盐6克，味精5克，料酒15克，姜汁水30克，猪油10克，生粉10克。

制作方法

1　鮰鱼宰杀取肉，洗净沥干，将鱼肉制成蓉，加盐、味精、生粉、姜汁水、猪油搅拌上劲；

2　鸡蛋黄摊成蛋皮，再用蛋皮卷上鱼蓉做成鱼卷，上笼蒸5分钟取出；

3　鱼卷冷却后切厚片码入扣碗，入笼蒸8分钟，取出扣入盘中淋芡汁即可。

制作关键

鱼卷要冷却后再切片。

豉香刁子鱼

干香微辣，宜于下酒

主　　料　风干刁子鱼300克。

辅　　料　阳江豆豉15克，干辣椒丝3克，香菜20克。

调　　料　料酒15克，姜米3克，整葱10克。

制作方法

1　将干刁子鱼码在盘中，洒上料酒、阳江豆豉、干辣椒丝；

2　上笼蒸5分钟，取出放上香菜即可。

制作关键

干刁鱼蒸制时间不宜太长。

清蒸大白刁

咸香滑嫩，风味别致

主　　料　大白刁500克。

辅　　料　大葱100克。

调　　料　盐5克，味精5克，料酒10克，豉油皇20克，姜片10克，姜丝10克，葱丝10克，油20克。

制作方法

1. 大白刁刮鳞去鳃、去内脏，洗净沥干，大葱切丝；
2. 将大白刁剞十字花刀，放入盐、味精、料酒、姜片、整葱调制的汁水中腌渍60分钟，上笼蒸10分钟取出；
3. 将姜丝、葱丝放鱼上淋沸油、豉油皇即可。

制作关键

大白刁要腌渍到位。

酥扣鱼块

鱼肉软嫩，色泽金黄

主　　料　草鱼500克。

辅　　料　鸡蛋1个。

调　　料　精盐3克，料酒8克，姜6克，味精2克，生抽5克，醋10克，葱3克，油1000克（实耗50克），胡椒粉2克，生粉75克，高汤适量。

制作方法

1 将草鱼宰杀，改刀成6厘米长、3厘米厚的块洗净沥干；

2 把鱼块加精盐、味精、姜、料酒、胡椒粉腌渍5分钟；

3 鸡蛋加生粉调制成全蛋糊，倒入鱼块中拌匀待用；

4 炒锅置旺火上，倒入油烧至六成热，将鱼块放入油锅中，炸至金黄色沥油，把炸好的鱼块码入扣碗中，加入味汁，入笼蒸15分钟取出，翻扣在盘中；

5 用高汤、盐、味精、姜、生抽、醋烧沸后，用水生粉勾芡，浇在鱼上，撒上葱花即成。

制作关键

鱼块炸制时间不能太长。

鲫鱼炖蛋

鱼肉鲜嫩，蛋羹滑爽，口味咸鲜

主　料　鲜活鲫鱼2条（约500克）。

辅　料　土鸡蛋4个。

调　料　盐5克，味精3克，姜米3克，料酒10克，香油10克，葱花5克，高汤适量。

制作方法

1 鲫鱼宰杀洗净沥干，在鱼两面剞柳叶花刀，用沸水将鱼烫一下，用盐、味精、姜米、料酒在鱼腹内抹匀；

2 鸡蛋打入碗中搅拌均匀，加入盐、味精、温高汤再搅拌均匀，加入鲫鱼上笼，中火蒸15分钟取出；

3 淋香油、撒葱花即成。

制作关键

掌握高汤和鸡蛋的比例。

清炖乌龟汤

汤鲜味美，营养丰富

主　　料　本地乌龟600克。

辅　　料　猪瘦肉50克。

调　　料　枸杞10克、淮山药5克，盐5克，味精2克，白胡椒粉1克，姜片10克，料酒20克，葱节30克，葱花5克，高汤适量。

制作方法

1. 将乌龟宰杀去内脏、烫去老皮，清洗沥干；
2. 猪瘦肉切丁，乌龟肉改小块，焯水，放入炖盆中，加入枸杞、淮山药、姜片、葱节，再放上乌龟壳；
3. 锅上火烧高汤，加盐、味精、白胡椒粉、料酒，调好口味，倒入装乌龟肉的炖盆中，加盖上笼旺火炖90分钟取出，去掉姜片、葱节，撒葱花即可。

制作关键

乌龟老皮要烫洗干净。

炮蒸鳅鱼

鱼肉鲜嫩，咸酸味美

主　料　大鳅鱼500克。

调　料　盐5克，味精2克，胡椒粉1克，姜米10克，料酒20克，生粉30克，生抽10克，醋20克，洋葱10克，蒜蓉10克，葱花5克，色拉油20克，高汤适量。

制作方法

1. 将鳅鱼宰杀片开，洗净沥干；
2. 鳅鱼放入盆内加盐、味精、胡椒粉、姜米、料酒腌渍5分钟，蘸上生粉，摆入笼中大火蒸10分钟，取出码入汤盘中；
3. 炒锅上火，放油、姜米、洋葱爆香，加高汤、盐、味精、胡椒粉、生抽、醋，用生粉勾芡，淋入装盘的鳅鱼上，撒葱花、蒜蓉，淋烈油即可。

制作关键

鳅鱼先要用清水喂养，以去除土腥味。

粉蒸草鱼肚

味美可口，咸鲜微酸

主　　料　净草鱼肚500克。

辅　　料　大米粉50克。

调　　料　盐3克，味精2克，白胡椒粉1克，料酒15克，姜米3克，生抽20克，香醋15克，香油8克，蒜蓉5克，葱花3克，高汤适量。

制作方法

1　将草鱼肚加盐、料酒、葱姜汁等码味；

2　将草鱼肚蘸上大米粉上笼旺火蒸8分钟取出，淋香油，撒上葱花；

3　用姜米、生抽、香醋、蒜蓉、高汤、香油等兑成味汁上桌。

制作关键

鱼肚上的黑膜要去掉，旺火速蒸，一气呵成。

螺蛳蒸茼蒿

蒿香浓郁，咸鲜柔和

主　　料　茼蒿400克。
辅　　料　螺蛳肉100克，米粉60克。
调　　料　盐5克，味精2克，猪油50克，高汤50克，香油5克，葱花5克。

制作方法

1. 螺蛳肉洗净，入锅中烧至入味，沥干汤汁待用；
2. 茼蒿切碎拌入米粉，上笼旺火蒸10分钟取出，加猪油、盐、味精、高汤拌匀，加入烧好的螺蛳肉，淋香油、撒葱花即成。

制作关键
茼蒿宜蒸熟后调味。

太极蒸双蔬

双色双味，美观大方

主　　料　茼蒿150克，老南瓜150克。

辅　　料　米粉60克。

调　　料　盐4克，味精2克，猪油20克，白糖20克，樱桃2颗，香油5克，高汤适量。

制作方法

1　茼蒿切碎，拌入米粉，上笼旺火蒸10分钟出笼，加猪油、盐、味精、高汤拌匀；

2　南瓜去皮切小块拌米粉，上笼旺火蒸20分钟，加白糖、盐、香油拌匀；

3　将南瓜和茼蒿入盘中摆成太极图形，用樱桃点缀即可。

制作关键

装盘时要防止串味。

粉蒸瓠子

原汁原味，咸鲜回甜

主　　料　瓠子500克。
辅　　料　米粉50克。
调　　料　猪油10克，香油3克，葱花3克，盐5克，味精2克。

制作方法

1　瓠子去皮，切丝加米粉拌匀，上笼大火蒸10分钟取出；
2　将蒸好的瓠子入钵中加盐、味精、猪油搅拌均匀，装入盘中，淋香油、撒葱花即成。

制作关键

瓠子与米粉的比例要恰当。

粉蒸豆角

质感软烂，原汁原味

主　　料　长豆角400克。

辅　　料　米粉40克。

调　　料　盐4克，味精2克，胡椒粉2克，香油2克，葱花2克，猪油10克。

制作方法

1　长豆角洗净，切5厘米长的段，用盐、味精、胡椒粉上味，加米粉拌匀，上笼大火蒸20分钟取出；

2　蒸好的豆角淋香油、猪油拌匀，撒葱花即成。

制作关键

选择老一点的豆角为好。

粉蒸苋菜

质融软烂，咸鲜可口

主　　料　苋菜500克。

辅　　料　大米粉50克。

调　　料　盐5克，味精4克，葱花5克，香油5克，猪油30克，高汤适量。

制作方法

1 苋菜摘去老茎、老叶，洗净沥干；

2 将苋菜切细，拌入米粉上笼蒸10分钟；

3 将蒸熟的苋菜倒入盆内，加高汤、盐、味精、猪油拌匀，调好口味装盘，淋上香油，撒上葱花即可。

制作关键

蒸熟的苋菜一定要用高汤调制。

粉蒸葡萄土豆

粉、烂、香，形态美观

主　　料　小土豆500克。

辅　　料　米粉50克。

调　　料　盐5克，味精3克，胡椒粉2克，香油3克，猪油5克。

制作方法

1　小土豆洗净，加盐、味精、胡椒粉拌匀，簸上米粉，入笼大火蒸20分钟取出；

2　将蒸好的土豆拌匀香油、猪油，在盘中摆成葡萄状即成。

制作关键

土豆宜用簸的方法上粉。

粉蒸芋头

入口即化，老少皆宜

主　　料　水芋头400克。

辅　　料　米粉75克。

调　　料　盐5克，味精3克，生姜5克，葱花3克，香油5克。

制作方法

1　水芋头洗净，改刀成块，入钵中加盐、味精、胡椒粉、姜米拌匀；

2　将芋头加入米粉簸匀，平铺在蒸笼上，大火蒸30分钟取出，放入盘内淋香油，撒葱花即成。

制作关键

用簸的方法上粉。

粉蒸慈姑

粉香软糯

主　料　慈姑400克。
辅　料　大米粉40克。
调　料　盐5克，味精4克，白胡椒粉2克，葱花5克，香油5克。

制作方法

1　慈姑削皮改刀成块，漂洗沥干；
2　慈姑放入盆中加盐、味精、白胡椒粉上味拌匀，簸上米粉，上笼蒸40分钟，取出装盘，撒上葱花、淋上香油即可。

制作关键
慈姑要漂去涩味。

粉蒸蚕豆米

清香粉烂

主　　料　鲜蚕豆米400克。

辅　　料　大米粉20克。

调　　料　盐5克，味精4克，葱花5克，香油5克。

制作方法

1 蚕豆米洗净沥干，放入盆中加盐、味精调味，拌匀米粉，上笼蒸15分钟取出；

2 蚕豆米装盘，撒上葱花、淋上香油即可。

制作关键

蚕豆米要选择鲜嫩的。

粉蒸玉环

玉环软烂，粉香可口

主　　料　玉环 300克。

辅　　料　大米粉30克。

调　　料　盐5克，味精3克，葱花5克，香油5克。

制作方法

1　玉环剪去根须，洗净沥干水分；

2　玉环放入盆中，加盐、味精、白胡椒粉调好口味，拌上米粉，上笼蒸15分钟取出，码入扣碗上笼再蒸5分钟，扣入盘中撒上葱花、淋上香油即可。

制作关键

玉环要选择个大的。

粉蒸菱角米

粉糯鲜香

主　　料　野菱角米500克。
辅　　料　米粉50克。
调　　料　姜米3克，盐4克，味精2克，胡椒粉1克，香油3克，葱花3克。

制作方法

1 菱角米洗净，加姜米、盐、味精、胡椒粉、米粉簸匀，上笼大火蒸20分钟取出；
2 将蒸好的菱角米装入盘中，淋香油、撒葱花即成。

制作关键
菱角米要选质老的。

米粉蒸莲藕

莲藕粉烂，咸酸适口

主　　料　老藕500克。

辅　　料　米粉50克。

调　　料　盐10克，味精10克，白胡椒粉2克，蒜蓉15克，香醋20克，生抽20克，香油20克，葱花10克，高汤适量。

制作方法

1. 老藕去皮洗净，切成4厘米长的条，放入容器中，加入盐、味精、白胡椒粉调味，加入米粉簸匀，入笼蒸制40分钟，取出装盘；
2. 将高汤、生抽、香醋、香油、蒜蓉兑成味汁，淋入蒸藕，撒上葱花即可。

制作关键

宜选仙桃沔城质老的莲藕。

粉蒸藕带

咸中回甜，质感脆嫩

主　　料　藕带350克。

辅　　料　大米粉35克。

调　　料　盐3克，味精2克，白胡椒粉1克，姜米5克，香油5克，葱花5克。

制作方法

1　将鲜藕带切成段，用盐、味精、白胡椒粉、姜米腌渍入味；

2　入味的藕带簸上大米粉，上笼蒸5分钟取出，淋香油、撒葱花即可。

制作关键

藕带要选择质嫩的。

粉蒸青椒

咸鲜微辣，风味独特

主　　料　本地青椒500克。

辅　　料　大米粉50克。

调　　料　盐3克，味精2克，姜米5克，蒜蓉3克，香油5克，葱花5克。

制作方法

1　将青椒洗净切成丝，用盐、味精、白胡椒粉、姜米、蒜蓉腌渍入味；

2　把入味的青椒丝拌上大米粉上笼蒸5分钟取出，淋香油、撒葱花即可。

制作关键

选择本地青椒为宜。

粉蒸茄子

香软适中，咸鲜口味

主　　料　灯泡茄350克。

辅　　料　大米粉35克。

调　　料　盐3克，味精2克，白胡椒粉1克，姜米5克，葱花5克，香油5克，香醋15克，蒜蓉5克。

制作方法

1　将茄子洗净，切成7厘米长、1厘米厚的条，加盐、味精、白胡椒粉、姜米码味；

2　将茄条簸上大米粉，上笼蒸熟取出，跟上用蒜蓉、香醋、香油、葱花兑成的味碟蘸食。

制作关键

以选择灯泡茄为宜。

玉银萝卜丝

色白如玉，柔和软烂

主　　料　白萝卜500克。

辅　　料　蒸菜米粉50克。

调　　料　盐10克，味精5克，熟猪油30克，香油10克，葱花5克。

制作方法

1. 白萝卜去皮洗净，切成丝拌入米粉，上笼蒸20分钟；
2. 取出倒入盆中，加盐、味精、熟猪油拌匀，盛入盘中，撒入葱花，淋香油即可。

制作关键

萝卜一定要蒸烂。

粉蒸豆腐

咸鲜细嫩，豆香味浓

主　料　老豆腐400克。

辅　料　大米粉40克。

调　料　盐5克，味精3克，白胡椒粉2克。

制作方法

1 豆腐改成厚片，用盐水浸泡半小时，沥干水分；

2 豆腐放盆中，两面撒上味精、白胡椒粉，再逐一蘸上米粉，上笼蒸6分钟取出，码在盘中撒上葱花、淋香油即可。

制作关键

豆腐不能太老。

红枣酿糯米

香甜软糯

主　料　空心红枣150克。
辅　料　糯米100克，水发银耳50克，米酒50克。
调　料　白糖30克，湿生粉20克，罐装橘瓣30克，绿樱桃5颗。

制作方法

1　红枣浸泡1小时，糯米浸泡3小时；
2　将泡好的糯米酿入红枣中，整齐摆入扣碗内，加水、白糖，上笼大火蒸1小时取出，扣入盘中；
3　锅上火，加水、银耳、白糖、米酒煮开，用湿生粉勾薄芡淋在红枣上，用橘瓣、樱桃点缀即成。

制作关键
红枣大小要一致。

剁椒芋头

剁椒浓郁，芋头入口软烂

主　　料　水芋头400克。

辅　　料　剁辣椒100克。

调　　料　油20克，大葱20克。

制作方法

1　水芋头洗净，切厚片，将剁辣椒铺在芋头上，入笼大火蒸30分钟取出；

2　大葱切丝放在芋头上淋滚油即成。

制作关键

剁辣椒要先调好味道。

蒜蓉茄饼

蒜香味浓，茄子清香

主　　料　瓜茄350克。

辅　　料　金针菇150克。

调　　料　蒜蓉酱150克，味精2克，蒸鱼豉油30克，葱花5克。

制作方法

1 将金针菇去掉根部洗净沥干，瓜茄洗净，切成1厘米厚的圆片（圆饼形），两面剞菱形花刀；

2 金针菇平铺在盘中，茄饼摆上面，撒味精，淋蒸鱼豉油，再铺上蒜蓉酱，入笼蒸8分钟取出，撒上葱花即可。

制作关键

瓜茄要新鲜，花刀要整齐。

如意丝瓜

软嫩爽滑，形态美观

主　　料　丝瓜500克。

辅　　料　鱼蓉200克，枸杞20克。

调　　料　盐5克，味精3克，生粉30克，姜汁水20克。

制作方法

1. 丝瓜削去粗皮，去瓜肉，加工成卷筒形；
2. 鱼蓉加盐、味精、生粉、姜汁水搅拌上劲；
3. 将鱼蓉填入丝瓜，卷成如意形长筒，用枸杞点缀，入笼蒸6分钟，取出晾凉，切成短筒，码入扣碗，上笼蒸10分钟取出，扣入盘中，勾薄芡淋上即可。

制作关键

鱼蓉要剁细并打上劲。

清炖白莲

造型美观，香甜粉糯

主　　料　通心干莲子200克。

调　　料　白糖150克。

制作方法

1　干莲子煮发回软，切去黑头部分；

2　将莲子切面整齐码入扣碗中，加入白糖开水上笼大火炖40分钟取出；

3　莲子翻扣盘中，淋入糖开水即成。

制作关键

莲子翻扣盘中时要保持造型完整。

扣蒸藕夹

色泽金黄，口味咸鲜

主　　料　莲藕400克。

辅　　料　猪肉馅50克，淀粉100克，鸡蛋2个。

调　　料　盐5克，味精3克，胡椒粉4克，姜米10克，生抽10克，油1000克（耗50克），葱花5克。

制作方法

1　莲藕去皮，切成0.3厘米厚的夹刀片；

2　馅心调好味，逐一包入莲藕片中；

3　淀粉加盐、胡椒粉、鸡蛋调成全蛋糊；

4　锅上火加油，烧至五成热，将藕夹挂糊后入锅炸至金黄色捞出，整齐摆入扣碗中，倒入用姜米、生抽调制的味汁，上笼蒸20分钟取出，扣入盘中撒葱花即成。

制作关键

油炸时温度不能过高。

糯米酿莲藕

软糯香甜

主　　料　莲藕400克。
辅　　料　糯米150克。
调　　料　冰糖150克。

制作方法

1　糯米洗净，清水浸泡2小时；
2　莲藕去皮洗净，将糯米用筷子塞进莲藕孔里，放入蒸笼中，蒸制45分钟，取出；
3　将莲藕切厚片，上笼蒸15分钟，码入盘中淋冰糖汁即可。

制作关键
莲藕要选中间节为好。

沔阳八宝饭

软糯香甜，色泽靓丽

主　　料　糯米200克。

辅　　料　红枣10克，葡萄干10克，薏仁米5克，红、绿丝各10克，果脯10克，冬瓜糖10克，白莲10克，罐装橘瓣50克。

调　　料　白糖30克，熟猪油10克。

制作方法

1 糯米浸泡4小时，红枣泡发后切丝，冬瓜糖、果脯切小丁，白莲、薏仁米煮熟；

2 将糯米上笼蒸45分钟取出，加入红枣、葡萄干、冬瓜糖、红绿丝、薏仁米、果脯、白莲、白糖、猪油拌匀装入扣碗，上笼蒸20分钟，取出扣入盘中，淋上糖开水，点缀橘瓣即可。

制作关键

配料的成熟度要与糯米一致。

橘瓣炖蛋

酸甜可口，老少皆宜

主　　料　鸡蛋 10个。
辅　　料　橘瓣罐头2瓶。
调　　料　白糖30克。

制作方法

橘瓣倒入盘中，再将鸡蛋去壳整只放入橘瓣中，撒上白糖，上笼蒸8分钟即可。

制作关键
掌握好火候，不宜蒸老。

笼蒸豆腐圆

软嫩适口，南北皆宜

主　料　老豆腐600克（约8～10块）。

辅　料　肥膘肉丁10克。

调　料　盐3克，味精2克，姜米5克，鸡蛋1个，香油5克，葱花5克。

制作方法

1　老豆腐放入盆内搅碎，加肥肉丁、盐、味精、姜米、鸡蛋清搅拌均匀；

2　将豆腐挤成大小一致的圆子，上笼蒸8分钟取出装盘，撒葱花、淋香油即可。

制作关键

豆腐不宜太细腻。

莲藕蒸肉回锅

焦香软糯，滋味醇厚

主　　料　猪五花肉200克，莲藕200克。

辅　　料　五香熟米粉20克，大米粉20克。

调　　料　盐3克，味精2克，白胡椒粉1克，料酒10克，姜米5克，葱花5克。

制作方法

1 将猪五花肉切成0.3厘米厚的片，加盐、味精、姜米、料酒、白胡椒粉腌渍10分钟后拌入五香熟米粉；
2 将莲藕改成4厘米长的条，加入盐、味精、白胡椒粉腌渍5分钟拌入大米粉；
3 把拌好粉的五花肉、莲藕上笼蒸熟后取出，一起倒入锅中，煎至两面金黄时盛入盘中，撒上葱花即可。

制作关键

蒸五花肉用五香熟米粉，蒸莲藕用大米粉。